Mathematik

Gymnasiale Oberstufe

Thüringen

Ergänzungsheft Stochastik

11/12

Herausgegeben von

Dr. Anton Bigalke   Dr. Norbert Köhler

Erarbeitet von

Dr. Anton Bigalke
Dr. Norbert Köhler
Dr. Horst Kuschnerow
Dr. Gabriele Ledworuski
Dr. Wilfried Zappe

unter Mitarbeit der Verlagsredaktion
und Beratung von
Dr. Wilfried Zappe

Cornelsen

Bigalke | Köhler

Mathematik

Redaktion: Dr. Jürgen Wolff
Layout: Klein und Halm Grafikdesign, Berlin
Bildrecherche: Kai Mehnert

Grafik und Illustrationen: Dr. Anton Bigalke, Waldmichelbach; Detlef Schüler †, Berlin (S. 12)
Umschlaggestaltung: Klein und Halm Grafikdesign, Hans Herschelmann, Berlin
Technische Umsetzung: CMS – Cross Media Solutions GmbH, Würzburg

www.cornelsen.de

Dieses Werk enthält Vorschläge und Anleitungen für Untersuchungen und Experimente.
Vor jedem Experiment sind mögliche Gefahrenquellen zu besprechen.
Beim Experimentieren sind die Richtlinien zur Sicherheit im Unterricht einzuhalten.

Die Webseiten Dritter, deren Internetadressen in diesem Lehrwerk angegeben sind,
wurden vor Drucklegung sorgfältig geprüft. Der Verlag übernimmt keine Gewähr für
die Aktualität und den Inhalt dieser Seiten oder solcher, die mit ihnen verlinkt sind.

1. Auflage, 3. Druck 2024

Alle Drucke dieser Auflage sind inhaltlich unverändert
und können im Unterricht nebeneinander verwendet werden.

Druck und Bindung: Livonia Print, Riga

ISBN 978-3-06-005931-7

PEFC zertifiziert
Dieses Produkt stammt aus nachhaltig
bewirtschafteten Wäldern und kontrollierten
Quellen.

PEFC
PEFC/12-31-006

www.pefc.de

Inhalt

☐ Wiederholung
■ Basis
◩ Basis/Erweiterung
☐ Vertiefung

Vorwort

Lehrplan

Mit den Büchern Mathematik 11 (ISBN 978-3-06-005933-1), Mathematik 12 (ISBN 978-3-06-005934-8) und dem vorliegenden Ergänzungsheft zur Stochastik wird der Thüringer Lehrplan von 2018 (Inkraftsetzung zum Schuljahr 2019/20) für den Erwerb der allgemeinen Hochschulreife im Fach Mathematik konsequent umgesetzt und eine intensive Vorbereitung der Schüler auf das Abitur gewährleistet.

Der modulare Aufbau des Buches und der einzelnen Kapitel ermöglichen dem Lehrer individuelle Schwerpunktsetzungen. Die Schüler können sich aufgrund des beispielbezogenen und selbsterklärenden Konzeptes problemlos orientieren und zielgerichtet vorbereiten.

Druckformat

Das Buch besitzt ein weitgehend zweispaltiges Druckformat, was die Übersichtlichkeit deutlich erhöht und die Lesbarkeit erleichtert.

Lehrtexte und Lösungsstrukturen sind auf der linken Seitenhälfte angeordnet, während Beweisdetails, Rechnungen und Skizzen in der Regel rechts platziert sind.

Beispiele

Wichtige Methoden und Begriffe werden auf der Basis anwendungsnaher, vollständig durchgerechneter Beispiele eingeführt, die das Verständnis des klar strukturierten Lehrtextes instruktiv unterstützen. Diese Beispiele können auf vielfältige Weise als Grundlage des Unterrichtsgesprächs eingesetzt werden und entlasten auf diese Weise den Lehrer bei der Unterrichtsvorbereitung erheblich. Im Folgenden werden einige Möglichkeiten skizziert:

- Die Aufgabenstellung eines Beispiels wird problemorientiert vorgetragen. Die Lösung wird im Unterrichtsgespräch oder in Stillarbeit entwickelt, wobei die Schülerbücher geschlossen bleiben. Im Anschluss kann die erarbeitete Lösung mit der im Buch dargestellten Lösung verglichen werden.
- Die Schüler lesen ein Beispiel und die zugehörige Musterlösung. Anschließend bearbeiten sie eine an das Beispiel anschließende Übung in Einzel- oder Partnerarbeit. Diese Vorgehensweise ist auch für Hausaufgaben gut geeignet.
- Ein Schüler wird beauftragt, ein Beispiel zu Hause durchzuarbeiten und als Kurzreferat zur Einführung eines neuen Begriffs oder Rechenverfahrens im Unterricht vorzutragen.

Übungen

Im Anschluss an die durchgerechneten Beispiele werden exakt passende Übungen angeboten.

- Diese Übungsaufgaben können mit Vorrang in Stillarbeitsphasen als Kontrolle eingesetzt werden. Dabei können die Schüler sich am vorangegangenen Unterrichtsgespräch orientieren.
- Eine weitere Möglichkeit: Die Schüler erhalten den Auftrag, eine Übung zu lösen, wobei sie mit dem Lehrbuch arbeiten sollen, indem sie sich am Lehrtext oder an den Musterlösungen der Beispiele orientieren, die vor der Übung angeordnet sind.
- Weitere Übungsaufgaben auf zusammenfassenden Übungsseiten finden sich am Ende der meisten Abschnitte. Sie sind für Hausaufgaben, Wiederholungen und Vertiefungen geeignet. Rot markierte Übungen haben einen erhöhten Schwierigkeitsgrad.
- In erheblichem Umfang sind die Formate der gymnasialen Oberstufe berücksichtigt, vor allem auch solche mit einfachen Anwendungsbezügen und mit Modellierungen.

Überblick, Test und mathematische Streifzüge

An jedem Kapitelende sind in einem Überblick die wichtigsten mathematischen Regeln, Formeln und Verfahren des Kapitels in knapper Form zusammengefasst.

Auf der letzten Kapitelseite findet man einen Test, der Aufgaben zum Standardstoff des Kapitels beinhaltet. So kann der Lernerfolg überprüft oder vertieft werden. Der Test kann auch zur Selbstkontrolle verwendet werden. Die Lösungen findet man im Buch auf den Seiten 84 und 85.

Beide Kapitel enthalten jeweils einen mathematischen Streifzug zur Vertiefung.

Neue Technologien

Neue Technologien wie Tabellenkalkulation, dynamische Geometriesoftware, Funktionsplotter und insbesondere **Computer-Algebra-Systeme (CAS)** bereichern heute die Palette der Hilfsmittel für den Mathematikunterricht. Seit dem Schuljahr 2011/2012 werden CAS-Rechner ab Doppelklassenstufe 9/10 eingesetzt. Damit kommen CAS ab 2014 in den Abiturprüfungen zum Einsatz. Diese neuen Anforderungen werden im vorliegenden Buch berücksichtigt durch die Aufnahme spezieller Abschnitte zur **CAS-Anwendung** in die einzelnen Kapitel. Dort wird exemplarisch der Einsatz des CAS-Rechners dargestellt. Bei dieser Konzeption kann von Fall zu Fall entschieden werden, ab wann das CAS genutzt werden soll. Dies kann bereits bei der Einführung der mathematischen Begriffsbildungen günstig sein, oder auch erst im Anschluss an eine hinreichende Einübung und Festigung von mathematischen Verfahren ohne Hilfsmittel.

Im Buch sind einzelne Themen und Beispiele mit dem Symbol $\boxed{\text{CAS}}$ ekennzeichnet. Dort bietet es sich besonders an, den CAS-Rechner verstärkt zu verwenden. Darüber hinaus sollten natürlich alle Aufgabentypen mit CAS bearbeitet werden, um den Rechner sicher zu beherrschen, aber auch die Kompetenz zur Auswahl geeigneter Werkzeuge zu entwickeln. Aufgaben, die ohne Hilfsmittel zu bearbeiten sind, findet man auf den Seiten 34 und 35, 66 und 67 sowie 76 und 77.

Im Folgenden werden Hinweise für die einzelnen Kapitel gegeben.

Kapitel I: Binomialverteilung

Im ersten Abschnitt wird der grundlegende Begriff der diskreten Zufallsgröße X und ihrer Wahrscheinlichkeitsverteilung kurz wiederholt und an einem Beispiel veranschaulicht. Dabei werden auch die Kenngrößen einer Verteilung definiert, d. h. der Erwartungswert, die Varianz und die Standardabweichung einer Zufallsgröße. Man sollte diese stärker theoretisch geprägten Inhalte zeitlich beschränkt halten, da in den Folgeabschnitten über Bernoulliketten und Binomialverteilungen die eigentliche Vertiefung erfolgt.

Im zweiten Abschnitt kommen wir zu zentralen abiturrelevanten Themen des Kurses, dem Bernoulli-Versuch, der Bernoulli-Kette und der Binomialverteilung. Hier werden Punkt- und Intervallwahrscheinlichkeiten bei Bernoulli-Ketten angesprochen. Dabei sollte klar nach den Grundaufgaben $P(X = k)$, $P(X \leq k)$ und $P(X \geq k)$ sowie $P(k \leq X \leq m)$ differenziert werden. Typische Problemstellungen sollen die notwendige Routine erzeugen, schwierige Problemstellungen dienen der Motivation der guten Schüler und zur inneren Differenzierung.

Im dritten Abschnitt geht es um die tabellarische und graphische Darstellung, also um das Verteilungsdiagramm (Histogramm) einer Binomialverteilung, um Eigenschaften der Binomialverteilung in Abhängigkeit von p und n und um die Kennzahlen Erwartungswert und Standardabweichung bei Bernoulli-Ketten.

Im vierten Abschnitt wird die Praxis der Binomialverteilung behandelt. Dabei geht es um die intensivierte Berechnung der oben erwähnten Punkt- und Intervallwahrscheinlichkeiten. Verwendet werden die einfache Binomialverteilung B (n,p,k) sowie die kumulierte Binomialverteilung F (n,p,k). Nachdem in den ersten drei Abschnitten die Anwendung der Bernoulli-Formel im Mittelpunkt stand, erfolgt nun die Berechnung der erforderlichen Verteilungswerte von B und F durchgehend mit Hilfe des CAS. Der Abschnitt schließt mit zahlreiche Anwendungsaufgaben zur Binomialverteilung, mit hilfsmittelfreien Übungen, mit dem mathematischen Streifzug „Das Galton-Brett" sowie typischen CAS-Anwendungen zur Binomialverteilung.

Kapitel II: Prognose- und Konfidenzintervalle

Im zweiten Kapitel geht es um Prognoseintervalle für absolute und relative Häufigkeiten in Stichproben und um Konfidenzintervalle für Wahrscheinlichkeiten in Grundgesamtheiten. Alle Berechnungen in diesem Zusammenhängen beruhen auf den Sigmaregeln, die wiederum auf dem Zusammenhang zwischen Binomial- und Normalverteilung fußen.

Im ersten Abschnitt werden die Sigma-Regeln dargestellt und so gut wie möglich begründet. Es handelt sich dabei zunächst um die $c\sigma$-Umgebungen des Erwartungswertes μ mit vorgegebener ganzer Zahl $c = 1,2,3$ und den Sicherheitswahrscheinlichkeiten $68{,}3\%$, $95{,}5\%$ und $99{,}7\%$, wobei wir bei den meisten Anwendungen 2σ-Umgebungen mit der Sicherheitswahrscheinlichkeit $95{,}5\%$ aus praktischen Gründen bevorzugen. (In Einzelfällen werden später auch Sigma-Umgebungen von μ mit vorgegebenen Sicherheitswahrscheinlichkeiten von 90%, 95% und 99% verwendet, also $1{,}64\sigma$-, $1{,}96\sigma$- und $2{,}58\sigma$-Umgebungen.)

Ist nun für eine Grundgesamtheit die Trefferwahrscheinlichkeit p bekannt, dann bildet die $c\sigma$-Umgebung $[\mu - c \cdot \sigma, \mu + c \cdot \sigma]$ des Erwartungswertes μ mit der entsprechenden Sicherheitswahrscheinlichkeit ein sog. Prognoseintervall für die zu erwartende Trefferzahl X in einer Stichprobe vom Umfang n, wenn die Laplace-Bedingung $\sigma = \sqrt{n \cdot p \cdot (1 - p)} > 3$ erfüllt ist. Beim Runden der Intervallgrenzen ist zu beachten: Bei Sigma-Umgebungen für ganzzahlige Trefferzahlen muss durch eine Probe geprüft werden, ob die vorgegebene Sicherheitswahrscheinlichkeit des Prognoseintervalls erst durch Runden nach außen gewährleistet ist. Anschließend werden $c \cdot \sigma$-Umgebungen der bekannten Trefferwahrscheinlichkeit p und dementsprechende Prognoseintervalle $[p - c \cdot \frac{\sigma}{n}, p + c \cdot \frac{\sigma}{n}]$ für die relative Häufigkeit $h_n = \frac{X}{n}$ (mit zugehöriger Sicherheitswahrscheinlichkeit) behandelt. Bei beiden Prognoseintervallen handelt es sich um einen Schluss von der Gesamtheit auf die Stichprobe.

Der Abschnitt schließt mit Betrachtungen zu den Begriffen statistische Verträglichkeit und signifikante Abweichung sowie zum $\frac{1}{\sqrt{n}}$-Gesetz.

Im zweiten Abschnitt werden Konfidenzintervalle untersucht. Hier wird genau umgekehrt wie beim Prognoseintervall von einer Stichprobe auf die Gesamtheit geschlossen.

Aus der Stichprobe kennt man die relative Häufigkeit $h_n = \frac{X}{n}$ als Näherung für die unbekannte Trefferwahrscheinlichkeit p der Grundgesamtheit. Zum Konfidenzintervall gehören alle Wahrscheinlichkeiten p, die mit der beobachteten relativen Häufigkeit h_n (bei einer vorgegebenen Sicherheitswahrscheinlichkeit) statistisch verträglich sind. Das Konfidenzintervall für p ergibt sich als Lösungsmenge der Betragsungleichung $|h_n - p| \leq c \cdot \frac{\sqrt{p \cdot (1 - p)}}{\sqrt{n}}$, wobei mit dem gewählten Wert c die Sicherheitswahrscheinlichkeit festgelegt wird.

Die Betragsungleichung führt durch Quadrieren auf eine quadratische Ungleichung, die mit Hilfe der p-q-Formel gelöst werden kann. Mit dem Solve-Befehl des CAS kann die Betragsungleichung aber auch direkt gelöst werden.

Mit Konfidenzintervallen können ganz unterschiedliche Aufgabenstellungen bearbeitet werden. Beispielsweise können damit Stichproben beurteilt werden, es können Herstellerangaben und die Zuverlässigkeit von Maschinen überprüft werden.

Abschließend geht es um den Zusammenhang von Stichprobenumfang und Durchmesser des Konfidenzintervalls, um die Bestimmung der für eine Konfidenzuntersuchung erforderlichen Stichprobenumfänge, um die graphische Untersuchung mittels Konfidenzellipse sowie um die Interpretation von Konfidenzintervallen.Dort findet man auch hilfsmittelfreien Übungen und den mathematischen Streifzug „Das Bernoulli'sche Gesetz der großen Zahlen" sowie typischen CAS-Anwendungen zu Prognose- und Konfidenzintervallen.

Kapitel III: Aufgaben zur Abiturvorbereitung

Im letzten Kapitel werden komplexe Aufgaben zu den Themen der beiden vorstehenden Kapitel angeboten. Sie können für Klausuren verwendet werden oder der langfristigen Abiturvorbereitung dienen. Das Kapitel umfasst zwei Abschnitte. Der erste bietet Aufgaben, die ohne Hilfsmittel gelöst werden können. Bei den Aufgaben des zweiten Abschnitts ist die Verwendung von Hilfsmitteln gestattet.

I. Binomialverteilung

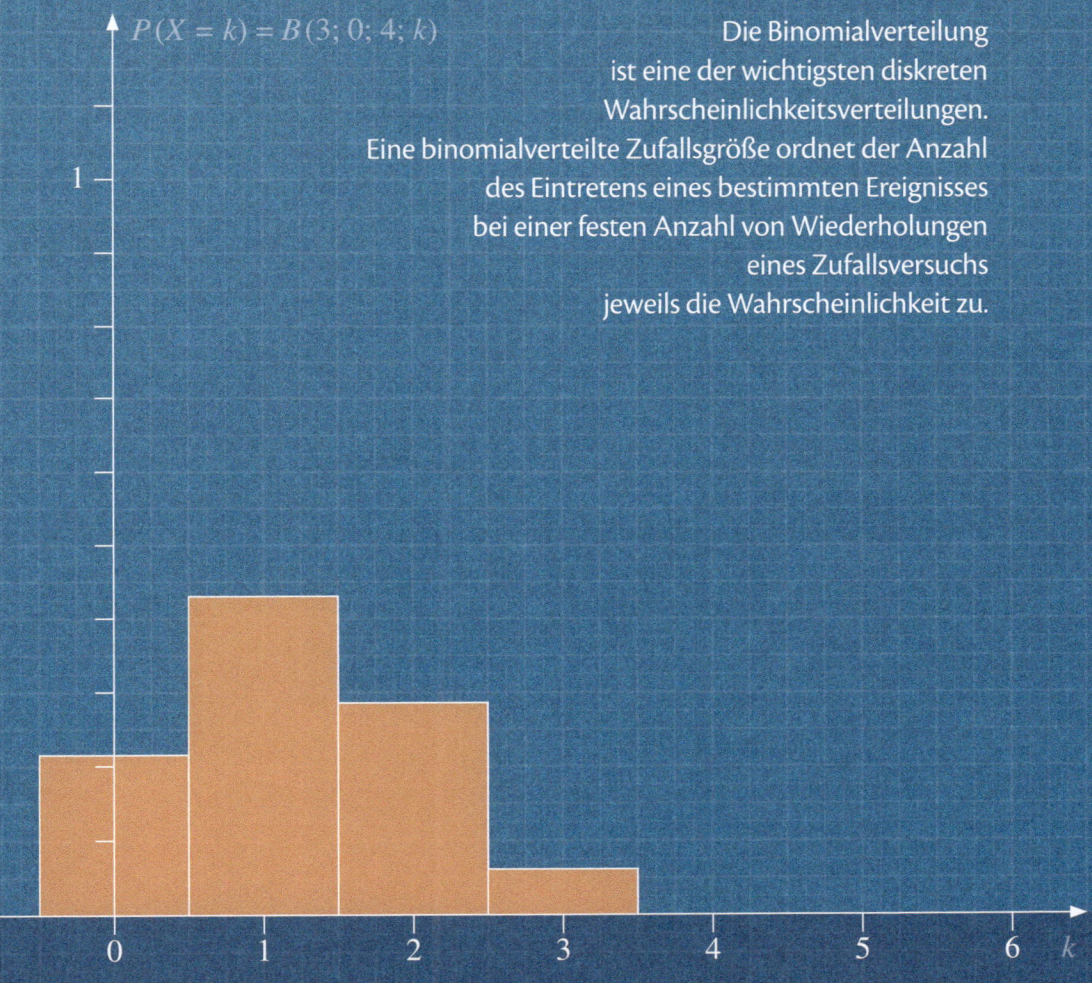

$P(X = k) = B(3; 0; 4; k)$

Die Binomialverteilung ist eine der wichtigsten diskreten Wahrscheinlichkeitsverteilungen. Eine binomialverteilte Zufallsgröße ordnet der Anzahl des Eintretens eines bestimmten Ereignisses bei einer festen Anzahl von Wiederholungen eines Zufallsversuchs jeweils die Wahrscheinlichkeit zu.

1. Wiederholung: Zufallsgrößen und Wahrscheinlichkeitsverteilungen

Bereits im 10. Schuljahr wurden folgende Begriff behandelt:
– Zufallsgrößen,
– Wahrscheinlichkeitsverteilung einer Zufallsgröße,
– Erwartungswert, Varianz und Standardabweichung einer Zufallsgröße.

Wir wiederholen zunächst für diskrete Zufallsgrößen die entsprechenden Definitionen. Dazu wird ein Beispiel einer diskreten Zufallsgröße betrachtet. Abschließend wird der Begriff der Verteilungsfunktion einer Zufallsgröße eingeführt.

Definition und Eigenschaften diskreter Zufallsgrößen

Definition: Diskrete Zufallsgröße und ihre Wahrscheinlichkeitsverteilung

1. Die Ergebnismenge Ω eines Zufallsversuchs besitze endlich (oder abzählbar[1]) viele Ergebnisse. Eine Zuordnung $X: \Omega \mapsto \mathbb{R}$, die jedem Ergebnis des Zufallsversuchs eine reelle Zahl zuordnet, heißt *diskrete Zufallsgröße*[2].

2. Mit „$X = x_k$" wird das Ereignis bezeichnet, zu dem alle Ergebnisse des Zufallsversuchs gehören, deren Eintritt dazu führt, dass die Zufallsgröße X den Wert x_k annimmt.

3. Ordnet man jedem möglichen Wert x_k, den die Zufallsgröße X annehmen kann, die Wahrscheinlichkeit $p_k = P(X = x_k)$ zu, mit der sie diesen Wert annimmt, so erhält man die *Wahrscheinlichkeitsverteilung* der diskreten Zufallsgröße.

Verteilungstabelle:

x_k	x_1	x_2	x_3	…	x_n
$p_k = P(X = x_k)$	p_1	p_2	p_3	…	p_n

Definition: Erwartungswert einer diskreten Zufallsgröße

X sei eine diskrete Zufallsgröße mit der Wertemenge $x_1, \ldots, x_n$. Dann heißt die Zahl

$$\mu = E(X) = x_1 \cdot P(X = x_1) + x_2 \cdot P(X = x_2) + \ldots + x_n \cdot P(X = x_n)$$

Erwartungswert der Zufallsgröße X.

Definition: Varianz und Standardabweichung einer diskreten Zufallsgröße

X sei eine diskrete Zufallsgröße mit der Wertemenge $x_1, \ldots, x_n$ und dem Erwartungswert $\mu = E(X)$. Dann wird die folgende Zahl als *Varianz* der Zufallsgröße X bezeichnet:

$$V(X) = (x_1 - \mu)^2 \cdot P(X = x_1) + (x_2 - \mu)^2 \cdot P(X = x_2) + \ldots + (x_n - \mu)^2 \cdot P(X = x_n).$$

Die Quadratwurzel aus der Varianz $V(X)$ heißt *Standardabweichung* der Zufallsgröße X:

$$\sigma = \sqrt{V(X)}.$$

---

[1] Man spricht von abzählbar-unendlich vielen Ergebnissen, wenn die Menge der Ergebnisse mithilfe der Menge der natürlichen Zahlen durchnummeriert werden kann: $\Omega = \{x_1, x_2, x_3, \ldots\}$.
[2] Anstelle von „Zufallsgrößen" spricht man manchmal auch von „Zufallsvariablen".

Beispiel einer diskreten Zufallsgröße

Bei einer Spielshow dürfen die Teilnehmer das Spiel erst dann fortsetzen, wenn sie einen Korbwurf erzielt haben. Höchstens 10 Würfe auf den Basketballkorb sind erlaubt. Dabei ergeben sich folgende Möglichkeiten:
Ein Teilnehmer trifft beim ersten Wurf, oder erst beim zweiten Wurf, oder erst beim dritten Wurf, …, oder erst beim zehnten Wurf, oder überhaupt nicht.

Unser Teilnehmer glaubt zu wissen, dass er nur etwa bei jedem sechsten Wurf einen Treffer erzielt. Wir simulieren deshalb den Korbwurf mithilfe eines fairen Würfels: Fällt eine 6, so zählt das als „Treffer", in den anderen 5 Fällen „geht der Wurf daneben".

▶ **Beispiel: Warten auf die erste 6**
Ein fairer Würfel wird so lange geworfen, bis eine 6 erzielt wird, aber höchstens 10-mal.
a) Beschreiben Sie das Spiel durch eine Zufallsgröße X. Ermitteln Sie die Wahrscheinlichkeitsverteilung von X.
b) Berechnen Sie den Erwartungswert $\mu = E(X)$ sowie die Varianz $V(X)$ und die Standardabweichung σ der Zufallsgröße X.

Lösung zu a:
Da höchstens 10 Würfe möglich sind, kann die Zufallsgröße X die Werte 1, 2, 3, …, 10 annehmen. Die Wahrscheinlichkeit, gleich beim ersten Wurf eine 6 zu erhalten, ist $\frac{1}{6}$, also $P(X = 1) = \frac{1}{6} \approx 0{,}166666667$. Hat man erst beim zweiten Wurf Erfolg, so gilt $P(X = 2) = \frac{5}{6} \cdot \frac{1}{6} \approx 0{,}138888889$. Erhält man erst beim dritten Wurf eine 6, dann ist $P(X = 3) = \left(\frac{5}{6}\right)^2 \cdot \frac{1}{6} \approx 0{,}115740741$.
Analog erhält man für k = 4, 5, 6, 7, 8, 9: $P(X = k) = \left(\frac{5}{6}\right)^{k-1} \cdot \frac{1}{6}$. Schließlich gilt: $P(X = 10) = \left(\frac{5}{6}\right)^9 \approx 0{,}193806699$.
Für die Berechnungen ist die Verwendung einer *Tabellenkalkulation* sinnvoll. Das nebenstehende Bild zeigt in den Spalten A und B die Verteilungstabelle. Die Zelle B11 enthält zur Probe die Summe der Einzelwahrscheinlichkeiten.

	A	B	C	D
1	1	0,166666667	0,166666667	2,708115158
2	2	0,138888889	0,277777778	1,275938603
3	3	0,115740741	0,347222222	0,477410293
4	4	0,096450617	0,385802469	0,102516583
5	5	0,080375514	0,401877572	0,000077074
6	6	0,066979595	0,401877572	0,062895576
7	7	0,055816329	0,390714306	0,216405095
8	8	0,046513608	0,372108863	0,410024891
9	9	0,03876134	0,348852059	0,610616182
10	10	0,193806699	1,938066995	4,785338176
11		1	5,030966503	10,64933763
12				3,263332289

Lösung zu b:
In Spalte C erhält man: $E(X) \approx 5{,}03$;
▶ in Spalte D: $V(X) \approx 10{,}65$ und $\sigma \approx 3{,}26$.

Übung 1

Begründen Sie, dass beim vorstehenden Beispiel gilt: $P(X = k) = \left(\frac{5}{6}\right)^{k-1} \cdot \frac{1}{6}$ für $k = 1, 2, \ldots, 9$, aber $P(X = 10) = \left(\frac{5}{6}\right)^9$.

Übung 2

Die Zufallsgröße X beschreibe den Abstand der Augenzahlen – also den Betrag der Augendifferenzen – beim Würfeln mit zwei fairen Würfeln.

a) Welche Realisierungen x_k besitzt die Zufallsgröße X? Ermitteln Sie die Wahrscheinlichkeitsverteilung von X.

b) Berechnen Sie den Erwartungswert $\mu = E(X)$ sowie die Varianz $V(X)$ und die Standardabweichung σ der Zufallsgröße X.

Exkurs: Verteilungsfunktion einer Zufallsgröße

Die *Verteilungsfunktion* einer Zufallsgröße X gibt für jede reelle Zahl x die Wahrscheinlichkeit $P(X < x)$ an. Für das Beispiel einer diskreten Zufallsgröße von Seite 9 ergibt sich:

$$F_X(x) = P(X < x) = \begin{cases} 0 & \text{für} \quad x \leq 1 \\ P(X = 1) \approx 0,17 & \text{für} \quad 1 < x \leq 2 \\ P(X = 1) + P(X = 2) \approx 0,31 & \text{für} \quad 2 < x \leq 3 \\ P(X = 1) + P(X = 2) + P(X = 3) \approx 0,42 & \text{für} \quad 3 < x \leq 4 \\ P(X = 1) + P(X = 2) + \ldots + P(X = 4) \approx 0,52 & \text{für} \quad 4 < x \leq 5 \\ P(X = 1) + P(X = 2) + \ldots + P(X = 5) \approx 0,60 & \text{für} \quad 5 < x \leq 6 \\ P(X = 1) + P(X = 2) + \ldots + P(X = 6) \approx 0,67 & \text{für} \quad 6 < x \leq 7 \\ P(X = 1) + P(X = 2) + \ldots + P(X = 7) \approx 0,72 & \text{für} \quad 7 < x \leq 8 \\ P(X = 1) + P(X = 2) + \ldots + P(X = 8) \approx 0,77 & \text{für} \quad 8 < x \leq 9 \\ P(X = 1) + P(X = 2) + \ldots + P(X = 9) \approx 0,81 & \text{für} \quad 9 < x \leq 10 \\ P(X = 1) + P(X = 2) + \ldots + P(X = 10) = 1 & \text{für} \quad x > 10 \end{cases}$$

Der Graph ist eine *Treppenfunktion*.

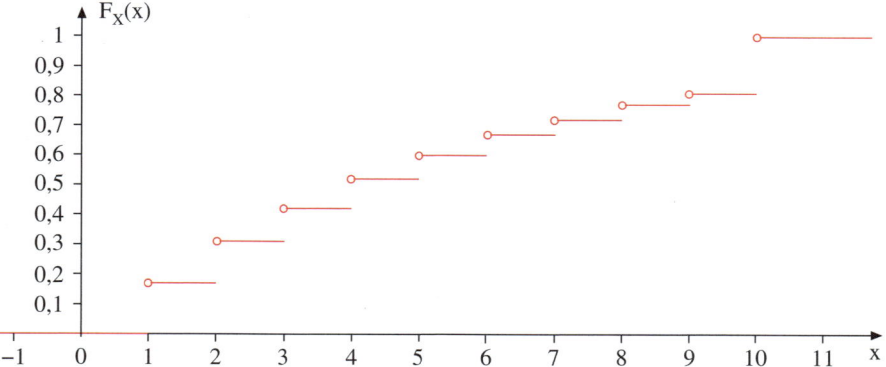

Übung 3

Ermitteln Sie die Verteilungsfunktion F_X zur obigen Übung 2. Skizzieren Sie den Graphen.

2. Bernoulli-Ketten und Binomialverteilung

A. Die Formel von Bernoulli

Ein Zufallsversuch wird als *Bernoulli-Versuch* bezeichnet, wenn es nur zwei Ausgänge E und $\overline{E}$ gibt. E wird als Treffer (Erfolg) und $\overline{E}$ als Niete (Misserfolg) bezeichnet. Die Wahrscheinlichkeit p für das Eintreten von E wird als Trefferwahrscheinlichkeit bezeichnet.

Beispiele:
Beim Werfen einer Münze: „Kopf" oder „Zahl"
Beim Werfen eines Würfels: „Sechs" oder „keine Sechs"
Beim Werfen eines Reißnagels: „Kopflage" oder „Schräglage"
Beim Ziehen aus einer Urne: „rote Kugel" oder „keine rote Kugel"
Beim Überprüfen eines Bauteils: „defekt" oder „nicht defekt"

Wiederholt man einen Bernoulli-Versuch n-mal in exakt gleicher Weise, so spricht man von einer *Bernoulli-Kette* der Länge n mit der Trefferwahrscheinlichkeit p.

▶ **Beispiel: Bernoulli-Kette der Länge n = 4**
Ein Würfel wird viermal geworfen. X sei die Anzahl der dabei geworfenen Sechsen. Wie groß ist die Wahrscheinlichkeit für das Ereignis X = 2, d. h. für genau zwei Sechsen.

Lösung:
Es ist eine Bernoulli-Kette der Länge n = 4 mit der Trefferwahrscheinlichkeit $p = \frac{1}{6}$.
Das Diagramm veranschaulicht die Kette als mehrstufigen Zufallsversuch.

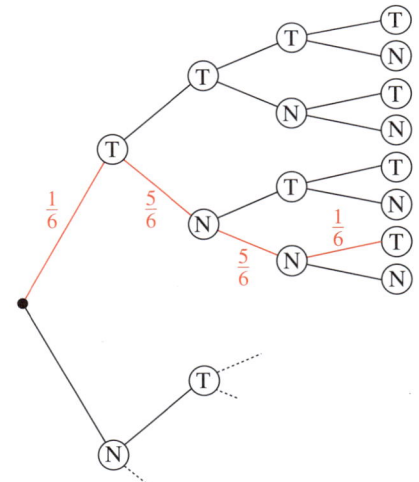

Die Wahrscheinlichkeit eines Weges mit genau zwei Treffern und zwei Nieten beträgt nach der Produktregel $\left(\frac{1}{6}\right)^2 \cdot \left(\frac{5}{6}\right)^2$.

Es gibt $\binom{4}{2} = \frac{4 \cdot 3}{1 \cdot 2} = 6$ solcher Pfade, da man $\binom{4}{2}$ Möglichkeiten hat, die beiden Treffer auf die vier Plätze eines Pfades zu verteilen.*
Die gesuchte Wahrscheinlichkeit lautet:

▶ $P(X = 2) = \binom{4}{2} \cdot \left(\frac{1}{6}\right)^2 \cdot \left(\frac{5}{6}\right)^2 \approx 0{,}1157$

Übung 1
In einer Urne befinden sich zwei rote und eine weiße Kugel. Aus der Urne wird sechsmal eine Kugel mit Zurücklegen gezogen. Mit welcher Wahrscheinlichkeit kommt genau viermal eine rote Kugel?

---

* mit CAS-Taschenrechner: $\binom{4}{2}$ = nCr(4,2) = 6

Verallgemeinert man die Rechnung aus dem vorhergehenden Beispiel, so erhält man die folgende Formel zur Bestimmung von Wahrscheinlichkeiten bei Bernoulli-Ketten.

Satz I.1: Die Formel von Bernoulli
Ist für eine Bernoulli-Kette der Länge n mit
der Trefferwahrscheinlichkeit p X die Anzahl
der Treffer, so wird die Wahrscheinlichkeit für $P(X = k) = B(n; p; k) = \binom{n}{k} \cdot p^k \cdot (1 - p)^{n-k}$
genau k Treffer mit B (n; p; k) bezeichnet.
Sie kann mit der rechts dargestellten Formel
berechnet werden.

Begründung:
$p^k \cdot (1 - p)^{n-k}$ ist die Wahrscheinlichkeit eines Pfades der Länge n mit k Treffern und n − k

Nieten. $\binom{n}{k} = \dfrac{n \cdot (n-1) \ldots (n-k+1)}{k!}$ ist die Anzahl der Pfade dieser Art.

▶ **Beispiel: Multiple-Choice-Test**
Ein Test enthält vier Fragen mit jeweils
drei Antwortmöglichkeiten. Er gilt als
bestanden, wenn mindestens zwei Fragen richtig beantwortet werden.
Ein ganz und gar ahnungsloser Zeitgenosse versucht den Test durch zufälliges
Ankreuzen zu bestehen. Wie groß sind
seine Chancen?

Lösung:
Der Test kann als Bernoulli-Kette der Länge n = 4 betrachtet werden. Das korrekte
Beantworten einer Frage zählt als Treffer.
Die Trefferwahrscheinlichkeit ist $p = \frac{1}{3}$.
X sei die Anzahl der Treffer. Dann gilt:

$P(X = 2) = \binom{4}{2} \cdot \left(\frac{1}{3}\right)^2 \cdot \left(\frac{2}{3}\right)^2 = \frac{24}{81} \approx 0{,}2963$

$P(X = 3) = \binom{4}{3} \cdot \left(\frac{1}{3}\right)^3 \cdot \left(\frac{2}{3}\right)^1 = \frac{8}{81} \approx 0{,}0988$

$P(X = 4) = \binom{4}{4} \cdot \left(\frac{1}{3}\right)^4 \cdot \left(\frac{2}{3}\right)^0 = \frac{1}{81} \approx 0{,}0123$

Addiert man diese Einzelwahrscheinlichkeiten, so erhält man die gesuchte Ratewahrscheinlichkeit für das Bestehen des Tests. Sie beträgt $P(X \geq 2) = 0{,}4074 \approx 41\%$.

Übung 2
Ein Spieler kreuzt einen Totoschein der 13er-Wette rein zufällig an. Wie groß ist seine Chance,
mindestens 10 Richtige zu erzielen?

B. Binomialverteilte Zufallsgrößen

Wird ein Zufallsexperiment durch eine Bernoulli-Kette der Länge n mit der Trefferwahrscheinlichkeit p gebildet, so wird dadurch eine Zufallsgröße X mit den Realisierungen k = 0, 1, …, n definiert. Man sagt: Die Zufallsgröße X ist *binomialverteilt mit den Parametern n und p*.

Definition: Binomialverteilung
Es sei n eine natürliche Zahl und p ∈ [0; 1] eine reelle Zahl. Eine Zufallsgröße X heißt *Binomialverteilung mit den Parametern n und p*, wenn für k = 0, 1, 2, …, n gilt:

$$P(X = k) = B(n; p; k) = \binom{n}{k} \cdot p^k \cdot (1 - p)^{n - k}.$$

Der Faktor $\binom{n}{k} = \dfrac{n \cdot (n - 1) \ldots (n - k + 1)}{k!}$ heißt *Binomialkoeffizient*, weil Terme dieser Form als Koeffizienten im *binomischen Lehrsatz* $(a + b)^n = \binom{n}{0} a^n + \binom{n}{1} a^{n - 1} b + \binom{n}{2} a^{n - 2} b^2 + \ldots + \binom{n}{n} b^n$ auftreten. Daraus leitet sich der Name „Binomialverteilung" ab.

Ein oft verwendetes Modell, bei dem die betrachtete diskrete Zufallsgröße eine Binomialverteilung besitzt, besteht im k-maligen Ziehen einer Kugel aus einer Urne mit insgesamt n Kugeln, die zwei verschiedene Farben – etwa grün und rot – haben. Nach dem Notieren der Farbe wird die Kugel stets zurückgelegt. Damit ist gewährleistet, dass bei jeder Ziehung die Wahrscheinlichkeit p, eine grüne Kugel zu erhalten, gleich bleibt.

▶ **Beispiel: Ziehung aus einer Urne mit Zurücklegen**
Aus einer Urne mit zwei grünen und drei roten Kugeln werden nacheinander (mit Zurücklegen) vier Kugeln gezogen. Die Zufallsgröße X gibt die Anzahl der gezogenen grünen Kugeln an.
Begründen Sie: X ist binomialverteilt.
Bestimmen Sie die Parameter n und p.
Berechnen Sie P(X = k) für k = 0, …, 4.

Lösung:
Es handelt sich um eine Bernoulli-Kette der Länge n = 4, die Trefferwahrscheinlichkeit ist $p = \frac{2}{5} = 0{,}4$; also ist X binomialverteilt mit den Parametern n = 4 und $p = \frac{2}{5} = 0{,}4$.
Es gilt: P(X = 0) = 0,1296; P(X = 1) = 0,3456; P(X = 2) = 0,3456; P(X = 3) = 0,1536 und
▶ P(X = 4) = 0,0256.

Übung 3
Ein Glücksrad mit zwei Sektoren, wobei der weiße dreimal so groß wie der rote ist, wird dreimal gedreht. Die Zufallsgröße X gibt die Anzahl des Eintretens von „rot" an.
Begründen Sie, dass X binomialverteilt ist.
Bestimmen Sie die Parameter n und p.
Berechnen Sie P(X = k) für k = 0, 1, 2, 3.

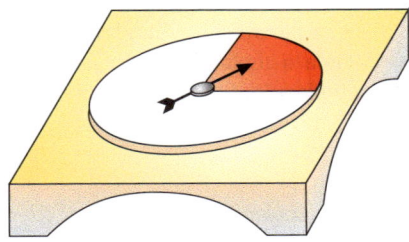

C. Typische Problemstellungen

Typische Problemstellungen im Zusammenhang mit Bernoulli-Ketten sind die Bestimmung von Punktwahrscheinlichkeiten der Form $P(X = k)$ sowie von Intervallwahrscheinlichkeiten der Form $P(X \leq k)$ bzw. $P(X \geq k)$ bzw. $P(a \leq X \leq b)$, die wir im Folgenden ansprechen.

▶ **Beispiel: Der Fall $P(X \leq k)$**
Aus der abgebildeten Urne wird 10-mal mit Zurücklegen eine Kugel gezogen. Mit welcher Wahrscheinlichkeit kommen höchstens 2 grüne Kugeln?

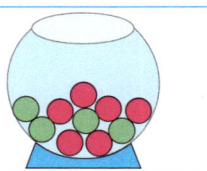

Lösung:
Anzahl der Ziehungen: $n = 10$
Wahrscheinlichkeit für GRÜN: $p = 0{,}4$
Die vorgegebenen Trefferzahlen lauten:
$k = 0$, $k = 1$ und $k = 2$. Gesucht ist $P(X \leq 2)$.

Diese Intervallwahrscheinlichkeit ist die Summe von drei Punktwahrscheinlichkeiten:
$P(X \leq 2) = P(X = 0) + P(X = 1) + P(X = 2)$
Wir wenden – wie rechts aufgeführt – die Formel von Bernoulli dreimal an.
▶ Resultat: $P(X \leq 2) \approx 16{,}72\,\%$

Berechnung von $P(X \leq 2)$:
$P(X \leq 2)$
$= P(X = 0) + P(X = 1) + P(X = 2)$
$= B(10;\,0{,}4;\,0) + B(10;\,0{,}4;\,1) + B(10;\,0{,}4;\,2)$
$= \binom{10}{0}0{,}4^0 0{,}6^{10} + \binom{10}{1}0{,}4^1 0{,}6^9 + \binom{10}{2}0{,}4^2 0{,}6^8$
$\approx 0{,}006 + 0{,}0403 + 0{,}1209 = 0{,}1672$

Resultat:
$P(X \leq 2) \approx 16{,}72\,\%$

▶ **Beispiel: Der Fall $P(X \geq k)$**
Alexa spielt beim Fußballclub Rot-Schwarz im Sturm. Sie hat bei Elfmetern eine durchschnittliche Trefferquote von 80\%. Mit welcher Wahrscheinlichkeit wird sie mindestens 4 ihrer nächsten 5 Elfmeter verwandeln?

Lösung:
Anzahl der Elfmeter: $n = 5$
Trefferwahrscheinlichkeit: $p = 0{,}80$
Die vorgegebenen Trefferzahlen lauten:
$k = 4$ und $k = 5$. Gesucht ist also $P(X \geq 4)$.

Diese Intervallwahrscheinlichkeit ist die Summe von zwei Punktwahrscheinlichkeiten, die wir mit der Formel von Bernoulli errechnen.
$P(X \geq 4) = P(X = 4) + P(X = 5)$
▶ Resultat: $P(X \geq 4) \approx 73{,}73\,\%$

Berechnung von $P(X \geq 4)$:
$P(X \geq 4) = P(X = 4) + P(X = 5)$
$\qquad = B(5;\,0{,}8;\,4) + B(5;\,0{,}8;\,5)$
$\qquad = \binom{5}{4}0{,}8^4 \cdot 0{,}2 + \binom{5}{5}0{,}8^5$
$\qquad \approx 0{,}4096 + 0{,}3277 = 0{,}7373$
$\qquad = 73{,}73\,\%$

Die folgenden Problemstellungen sind ebenfalls typisch, aber etwas schwieriger.

► **Beispiel: Angenäherte Bernoulli-Kette bei großer Grundgesamtheit**
Blumenzwiebeln werden in Großpackungen von 1000 Stück an Gärtnereien geliefert. Im Durchschnitt treiben 20% der Zwiebeln nicht aus. Ein Gärtner verkauft zehn Zwiebeln. Mit welcher Wahrscheinlichkeit wird hiervon höchstens eine Zwiebel nicht austreiben?

Lösung:
Hier wird ohne Zurücklegen eine Stichprobe vom Umfang n = 10 entnommen. Die Trefferwahrscheinlichkeit ändert sich daher mit jedem Zug ein wenig, aber wegen der großen Zahl von 1000 Zwiebeln nur so geringfügig, dass man von einer *angenäherten Bernoulli-Kette* mit der Trefferwahrscheinlichkeit p ≈ 0,2 sprechen kann.

Die Rechnung rechts liefert daher das folgende Näherungsresultat:
► $P(X \leq 1) \approx 0{,}3758 = 37{,}58\%$

Berechnung von P (X ≤ 1):
X = Anzahl der unbrauchbaren Zwiebeln in der Stichprobe

$$P(X \leq 1) = P(X = 0) + P(X = 1)$$
$$\approx B(10;\, 0{,}2;\, 0) + B(10;\, 0{,}2;\, 1)$$
$$= \binom{10}{0} 0{,}2^0 0{,}8^{10} + \binom{10}{1} 0{,}2^1 0{,}8^9$$
$$\approx 0{,}1074 + 0{,}2684 = 0{,}3758$$

Resultat:
$P(X \leq 1) \approx 37{,}58\%$

► **Beispiel: Bestimmung der Länge einer Bernoulli-Kette**
Ein Glücksrad hat vier gleich große Sektoren, drei weiße und einen roten. Berechnen Sie, wie oft man das Rad *mindestens* drehen muss, wenn mit einer Wahrscheinlichkeit von *mindestens* 95% *mindestens* einmal ROT auftreten soll.

Lösung:
Es handelt sich hier um die recht beliebte *Mindestens-mindestens-mindestens-Aufgabe*, auf die man häufiger trifft.

Da die Wahrscheinlichkeit für mindestens einen Treffer mindestens 0,95 betragen soll, verwenden wir den Ansatz $P(X \geq 1) \geq 0{,}95$. Von dieser Ungleichung ausgehend, erhalten wir nach nebenstehender Umformungsrechnung die Ungleichung n ≥ 10,41, woraus sich für die Kettenlänge n ≥ 11 ergibt.

Resultat: Das Glücksrad muss mindestens 11-mal gedreht werden, um mit mindestens 95% Wahrscheinlichkeit 1 oder mehr Treffer (ROT) zu erzielen.

Bestimmung der Kettenlänge n:
n: Anzahl der Drehungen des Rades
p = 0,25: Trefferwahrscheinlichkeit für ROT

$$P(X \geq 1) \geq 0{,}95 \qquad \text{(Ansatz)}$$
$$1 - P(X = 0) \geq 0{,}95$$
$$P(X = 0) \leq 0{,}05$$
$$B(n;\, 0{,}25;\, 0) \leq 0{,}05$$
$$\binom{n}{0} 0{,}25^0 0{,}75^n \leq 0{,}05$$
$$0{,}75^n \leq 0{,}05$$
$$\log 0{,}75^n \leq \log 0{,}05$$
$$n \cdot \log 0{,}75 \leq \log 0{,}05 \quad |: \log 0{,}75 < 0$$
$$n \geq 10{,}41$$

Übung 4 Qualitätskontrolle

Bei einer Qualitätskontrolle hat man mit einem Ausschuss von 5 % zu rechnen. Berechnen Sie die Wahrscheinlichkeit dafür, dass

a) unter 10 Artikeln kein Ausschuss ist.

b) unter 20 Artikeln höchstens ein Artikel defekt ist.

Übung 5 Bestimmung einer Mindestanzahl von Versuchen

Wie oft muss eine Münze *mindestens* geworfen werden, wenn mit einer Wahrscheinlichkeit von *mindestens* 99 % *mindestens* einmal Wappen fallen soll?

Die folgenden Begriffe und Formeln sind sehr hilfreich bei der Bearbeitung von Übungen.

Punktwahrscheinlichkeiten und Intervallwahrscheinlichkeiten

X sei binomialverteilt mit den Parametern n und p. Dann gelten folgende Formeln:

Punktwahrscheinlichkeit für das Ereignis $X = k$ $(k = 0, 1, 2, \ldots, n)$:
$$P(X = k) = B(n; p; k) = \binom{n}{k} \cdot p^k (1 - p)^{n - k}$$

Linksseitige Intervallwahrscheinlichkeit für das Ereignis $X \leq k$:
$$P(X \leq k) = B(n; p; 0) + B(n; p; 1) + B(n; p; 2) + \ldots + B(n; p; k)$$

Rechtsseitige Intervallwahrscheinlichkeit für das Ereignis $X \geq k$:
$$P(X \geq k) = B(n; p; k) + B(n; p; k + 1) + B(n; p; k + 2) + \ldots + B(n; p; n) = 1 - P(X \leq k - 1)$$

Intervallwahrscheinlichkeit für das Ereignis $k \leq X \leq m$:
$$P(k \leq X \leq m) = B(n; p; k) + B(n; p; k + 1) + \ldots + B(n; p; m) = P(X \leq m) - P(X \leq k - 1)$$

Übung 6 Bestimmung einer Punktwahrscheinlichkeit: $P(X = k)$

48,6 % aller Neugeborenen sind Mädchen. Eine Familie hat sechs Kinder. Wie groß ist die Wahrscheinlichkeit, dass es genau drei Mädchen und drei Knaben sind?

Übung 7 Bestimmung einer linksseitigen Intervallwahrscheinlichkeit: $P(X \leq k)$

Ein Tetraeder trägt die Zahlen 1 bis 4. Wird er geworfen und kommt zur Ruhe, so zählt die unten liegende Zahl.
Wie groß ist die Wahrscheinlichkeit, beim fünffachen Tetraederwurf höchstens zweimal die Zahl 2 zu erhalten?

Übung 8 Bestimmung einer rechtsseitigen Intervallwahrscheinlichkeit: $P(X \geq k)$

Ein Biathlet trifft die Scheibe mit einer Wahrscheinlichkeit von 80 %. Er gibt insgesamt zehn Schüsse ab. Mit welcher Wahrscheinlichkeit trifft er mindestens achtmal?

Übung 9 Bestimmung einer Intervallwahrscheinlichkeit: $P(k \leq X \leq m)$

Aus einer Urne mit zehn roten und fünf weißen Kugeln werden acht Kugeln mit Zurücklegen entnommen. Mit welcher Wahrscheinlichkeit zieht man vier bis sechs rote Kugeln?

Übung 10 Anwendung der Formel für das Gegenereignis: $P(X > k) = 1 - P(X \leq k)$

Wirft man eine Reißzwecke, so kommt sie in 60 % der Fälle in Kopflage und in 40 % der Fälle in Seitenlage zur Ruhe.
Jemand wirft zehn dieser Reißzwecken. Mit welcher Wahrscheinlichkeit erzielt er mehr als dreimal die Seitenlage?

Übungen

11. 51,4% aller Neugeborenen sind Knaben. Berechnen Sie die Wahrscheinlichkeit dafür, dass eine Familie genauso viele Mädchen wie Jungen hat, für eine Familie mit 2 Kindern, eine Familie mit 4 Kindern und eine Familie mit 6 Kindern.

12. Der Marktanteil von Smartphones lag im Jahr 2011 bei 23%. Wie groß war die Wahrscheinlichkeit, dass unter 6 zufällig ausgewählten Personen höchstens 2 ein Smartphone besaßen?

13. Der Anteil der Haushalte mit Internet-Anschluss ist auf 94% angewachsen. Wie groß ist die Wahrscheinlichkeit, dass von 10 zufällig ausgewählten Haushalten mindestens 8 einen Internet-Anschluss haben?

14. 70% aller Schäferhunde werden 10 Jahre oder älter. Wie groß ist die Wahrscheinlichkeit, dass von den 12 Schäferhunden eines Züchters mindestens 7, aber höchstens 10 dieses Alter erreichen?

15. 30% der Deutschen sind in einem Verein. Wie groß ist die Wahrscheinlichkeit, dass unter 12 Personen mehr als 3 in einem Verein sind?

16. Wie oft muss ein Würfel mindestens geworfen werden, damit mit einer Wahrscheinlichkeit von mindestens 98% mindestens einmal die Sechs fällt?

17. Nach Angaben der Post erreichen 90% aller Inlandsbriefe den Empfänger am nächsten Tag. Johanna verschickt acht Einladungen zu ihrem Geburtstag. Mit welcher Wahrscheinlichkeit
    a) sind alle Briefe am nächsten Tag zugestellt?
    b) sind mindestens sechs Briefe am nächsten Tag zugestellt?

18. Die Mitglieder der deutschen Tischtennis-Nationalmannschaft gewinnen gegen chinesische Spitzenspieler 15% der Spiele.
    a) Mit welcher Wahrscheinlichkeit gewinnt von 6 Nationalspielern genau einer sein Spiel?
    b) Mit welcher Wahrscheinlichkeit gewinnen die Deutschen von 10 Einzelspielen mehr als 2?

3. Eigenschaften von Binomialverteilungen

Im Folgenden sei X die Trefferzahl in einer Bernoullikette der Länge n mit der Trefferwahrscheinlichkeit p. Die Wahrscheinlichkeitsverteilung von X ist also eine *Binomialverteilung mit den Parametern n und p.* Die wesentlichen Eigenschaften von Binomialverteilungen (Symmetrieeigenschaften, Lage des Maximums, Erwartungswert, Streuungsmaße) lassen sich gut in der graphischen Darstellung der Verteilung als Säulendiagramm veranschaulichen.

A. Tabellarische und graphische Darstellung einer Binomialverteilung

n sei die Länge einer Bernoullikette mit der Trefferwahrscheinlichkeit p.
X sei die Anzahl der Treffer.
$P(X = k)$ sei die Wahrscheinlichkeit für genau k Treffer.

Es gilt die Bernoulliformel
$$P(X = k) = B(n; p; k) = \binom{n}{k} \cdot p^k \cdot (1 - p)^{n - k}.$$
Mit dieser Formel* errechnet man die Verteilungstabelle (s. rechts für n = 4, p = 0,3), die als Verteilungsdiagramm veranschaulicht werden kann.
Im Diagramm wird die Trefferzahl auf der x-Achse abgetragen.
Sie kann die Werte 0, 1, …, n annehmen.

Die Wahrscheinlichkeit $P(X = k) = B(n; p; k)$ wird auf der y-Achse abgetragen und in Abhängigkeit von k durch eine Säule der Breite 1 und der Höhe $P(X = k)$ dargestellt. Daher ist das Flächenmaß dieser Säule gleich der Wahrscheinlichkeit $P(X = k)$.
Die Summe der Flächenmaße aller Säulen beträgt 1, da die Summe aller Wahrscheinlichkeiten 1 beträgt.

Die Binomialverteilung mit den Parametern n = 4 und p = 0,3:

Tabellarische Darstellung:

k	$P(X = k)$
0	0,2401
1	0,4116
2	0,2646
3	0,0756
4	0,0081

Graphische Darstellung:

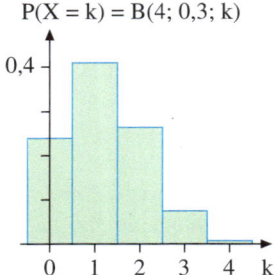

$P(X = k) = B(4; 0,3; k)$

Übung 1 Verteilungstabellen und Verteilungsdiagramme
a) Stellen Sie eine Verteilungstabelle für die Binomialverteilung $P(X = k) = B(6; 0,5; k)$ auf.
b) Skizzieren Sie das Verteilungsdiagramm zur Binomialverteilung aus a).
c) Stellen Sie eine Verteilungstabelle für die Binomialverteilung $P(X = k) = B(6; 0,2; k)$ auf.
d) Zeichnen Sie das Verteilungsdiagramm zur Binomialverteilung aus c).
e) Vergleichen Sie die Diagramme aus b) und d).
   Nennen Sie Gemeinsamkeiten und Unterschiede.

---

* Man kann die Werte von B (n; p; k) auch mit dem *CAS-Taschenrechner* bestimmen (siehe Seite 25 und 38 f.).

B. Eigenschaften einer Binomialverteilung in Abhängigkeit von p

Wir untersuchen nun, wie sich das Aussehen des Verteilungsdiagramms einer Binomialverteilung in Abhängigkeit von p verändert. Die Länge n der Bernoullikette wird dabei festgehalten.

> **Beispiel: $P(X = k) = B(n; p; k)$ in Abhängigkeit von p**
> Zeichnen Sie das Verteilungsdiagramm für die Binomialverteilung $P(X = k) = B(n; p; k)$ für die folgenden Parameterwerte. Beschreiben Sie Gemeinsamkeiten und Unterschiede.
> a) $n = 5, p = 0,2$ b) $n = 5, p = 0,4$ c) $n = 5, p = 0,5$ d) $n = 5, p = 0,8$

Lösung:
Wie erstellen mit Hilfe der Bernoulliformel* wie oben jeweils eine Verteilungstabelle.
Anschließend zeichnen wir die zugehörigen Verteilungsdiagramme. Wir erhalten Folgendes:

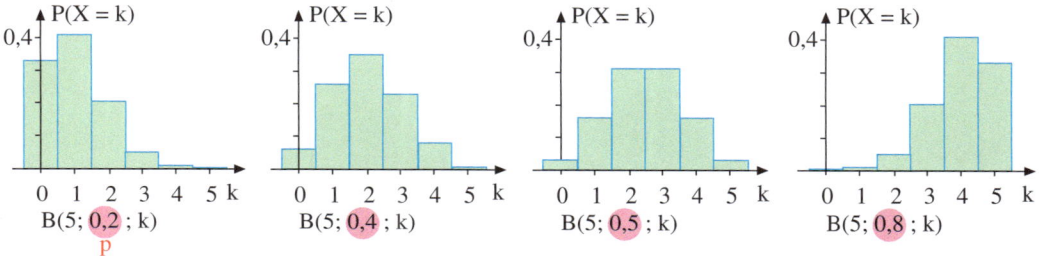

Wir erkennen, dass die Diagramme für $p < 0,5$ linkslastig sind, für $p = 0,5$ exakt symmetrisch und für $p > 0,5$ rechtslastig.
Das Maximum der Verteilung ist für $p < 0,5$ nach links verschoben, für $p = 0,5$ mittig (hier: Doppelmaximum, weil n ungerade) und für $p > 0,5$ nach rechts verschoben.
► Man erkennt auch, dass die Diagramme für $p = 0,2$ und $p = 0,8$ spiegelsymmetrisch sind.

Im folgenden Merkkasten werden diese Eigenschaften verallgemeinert zusammengestellt.

> **Eigenschaften der Binomialverteilung $P(X = k) = B(n; p; k)$**
> (1) Je größer p ist, umso weiter rechts liegt das Maximum der Verteilung.
> (2) Für $p = 0,5$ liegt das Verteilungsmaximum mittig. Es gilt $B(n; 0,5; k) = B(n; 0,5; n - k)$.
> (3) Es gilt die Symmetriebeziehung $B(n; p; k) = B(n; 1 - p; n - k)$.

Übung 2   Eigenschaften von Binomialverteilungen
Stellen Sie die Binomialverteilung $P(X = k) = B(n; p; k)$ tabellarisch und graphisch dar.
Überprüfen Sie die Eigenschaften (1) bis (3) aus dem obigen Merksatz.
a) $P(X = k) = B(6; 0,1; k)$ b) $P(X = k) = B(6; 0,5; k)$ c) $P(X = k) = B(6; 0,9; k)$

Übung 3   Eigenschaften von Binomialverteilungen
a) Beweisen Sie die Beziehung $B(n; 0,5; k) = B(n; 0,5; n - k)$ mit der Bernoulliformel.
b) Beweisen Sie die Beziehung $B(n; p; k) = B(n; 1 - p; n - k)$ mit Hilfe der Bernoulliformel.

---

* Alternativ mit dem CAS-Taschenrechner (vgl. S. 25 und 38 f.)

C. Eigenschaften einer Binomialverteilung in Abhängigkeit von n

Das Aussehen des Verteilungsdiagramms einer Binomialverteilung ändert sich auch in Abhängigkeit von der Kettenlänge n. Die Trefferwahrscheinlichkeit p wird dabei festgehalten.

> **Beispiel: $P(X = k) = B(n; p; k)$ in Abhängigkeit von n**
> Zeichnen Sie das Verteilungsdiagramm für die Binomialverteilung $P(X = k) = B(n; p; k)$ für die folgenden Parameterwerte. Beschreiben Sie Gemeinsamkeiten und Unterschiede.
> a) n = 3, p = 0,4   b) n = 5, p = 0,4   c) n = 8, p = 0,4

Lösung:
Wir erstellen mit Hilfe der Bernoulliformel* wie oben jeweils eine Verteilungstabelle.
Anschließend zeichnen wir die zugehörigen Verteilungsdiagramme. Wir erhalten Folgendes:

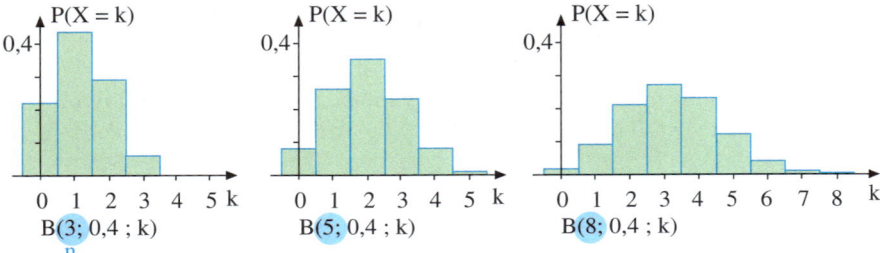

Wir erkennen, dass die Diagramme mit anwachsendem n breiter und flacher werden. Außerdem wandert ihr Maximum nach rechts. Schließlich erscheinen sie zunehmend symmetrischer.

> **Eigenschaften der Binomialverteilung $P(X = k) = B(n; p; k)$**
> (1) Je größer n ist, umso breiter und flacher ist das Diagramm der Verteilung.
> (2) Je größer n ist, umso weiter rechts liegt das Maximum der Verteilung.
> (3) Je größer n ist, umso symmetrischer wirkt das Verteilungsbild.

Übung 4 Eigenschaften von Binomialverteilungen
Stellen Sie die Binomialverteilung $P(X = k) = B(n; p; k)$ tabellarisch und graphisch dar.
Überprüfen Sie die Eigenschaften (1) bis (3) aus dem obigen Merksatz.
a) $P(X = k) = B(3; 0,8; k)$ b) $P(X = k) = B(6; 0,8; k)$ c) $P(X = k) = B(10; 0,8; k)$

Übung 5 Das Maximum einer Binomialverteilung
Bestimmen Sie die Lage (k) und den Wert ($P(X = k)$) des Maximums der Binomialverteilung.
a) n = 5, p = 0,1   b) n = 9, p = 0,1   c) n = 4, p = 0,5   d) n = 8, p = 0,5

---

* Alternativ mit dem CAS-Taschenrechner (vgl. S. 25 und 38 f.)

Übungen

6. Würfelwurf

Ein Würfel wird 6-mal geworfen. Als Treffer zählt eine Sechs. X sei die Anzahl der Treffer.

a) Stellen Sie eine Verteilungstabelle für die Wahrscheinlichkeit $P(X=k)$ auf.

b) Skizzieren Sie das Verteilungsdiagramm zu $P(X=k) = B\left(6; \frac{1}{6}, k\right)$

c) Geben Sie das Maximum der Verteilungstabelle an.

d) Welche anschauliche Bedeutung hat das Maximum der Verteilungstabelle?

e) Welche Anzahl von geworfenen Sechsen ist am seltensten?

7. Münzwurf

Eine faire Münze wird 6-mal geworfen. Als Treffer zählt Kopf. X sei die Anzahl der Treffer.

a) Stellen Sie eine Verteilungstabelle für die Wahrscheinlichkeit $P(X=k)$ auf.

b) Skizzieren Sie das Verteilungsdiagramm zu $P(X=k) = B\left(6; \frac{1}{2}, k\right)$

c) Welche Anzahl von Kopfwürfen ist am wahrscheinlichsten?

d) Welche Anzahl von Kopfwürfen ist am wahrscheinlichsten, wenn wir die Münze nur 5-mal werfen?

8. Binomialverteilungen

Im Folgenden sind mehrere Verteilungsdiagramme abgebildet. Entscheiden Sie, bei welchen Diagrammen es sich nicht um Binomialverteilungen handeln kann.

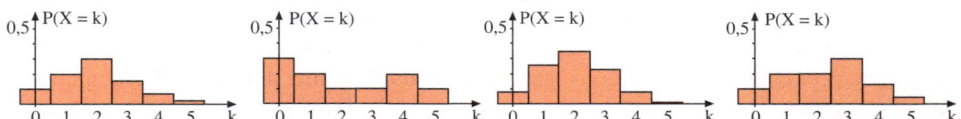

9. Binomialverteilte Zufallsvariable

Die Zufallsvariable X ist binomialverteilt mit den Parametern n = 6 und p = 0,3.

a) Geben Sie an, welche der drei Abbildungen die Verteilung von X korrekt darstellt. Begründen Sie ihre Antwort stichhaltig.

b) Bestimmen Sie mit Hilfe des korrekten Diagramms die Wahrscheinlichkeiten für die folgenden Ereignisse angenähert im Rahmen der Ablesegenauigkeit:

A: Die Zufallsvariable X nimmt den Wert k = 4 an.

B: Die Zufallsvariable X nimmt einen Wert zwischen k = 3 und k = 5 an.

C: Die Zufallsvariable X nimmt keinen der Werte 0, 1, 5 und 6 an.

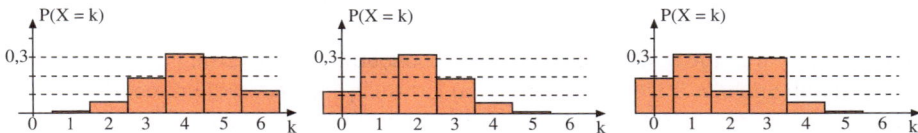

D. Erwartungswert und Standardabweichung bei Bernoulli-Ketten

Das Diagramm auf der rechten Seite zeigt die *Wahrscheinlichkeitsverteilung* der Trefferzahl X in einer Bernoulli-Kette mit der Länge n = 10 und der Trefferwahrscheinlichkeit p = 0,4.
Die Breite der einzelnen Säulen ist 1, die Höhe der Säule k ist die Wahrscheinlichkeit P(X = k). Die Gesamtfläche aller Säulen ist 1.

In natürlicher Weise stellen sich nun die beiden folgenden Fragen.

Frage 1: Mit welcher Trefferzahl kann man im Mittel rechnen?

Da man 10 Versuche macht und die Trefferwahrscheinlichkeit jeweils 0,4 beträgt, wird man im Mittel mit 4 Treffern rechnen können. Der *Erwartungswert* für die Trefferzahl X beträgt 4, d. h. $\mu = E(X) = 4$.

> **Satz I.2 Erwartungswert von X**
> X sei die Trefferzahl in einer Bernoulli-Kette der Länge n mit der Trefferwahrscheinlichkeit p. Dann gilt:
>
> $$\mu = E(X) = n \cdot p.$$

Frage 2: Wie stark streuen die Trefferzahlen um den Erwartungswert?

Als Streuungsmaß verwendet man in der Regel die *Varianz* V(X) und die *Standardabweichung* $\sigma(X)$. Sie wird nach Satz I.3 berechnet, den wir hier nicht beweisen können. Für unser Beispiel ist
$V(X) = 10 \cdot 0,4 \cdot 0,6 = 2,4$ und
$\sigma(X) = \sqrt{10 \cdot 0,4 \cdot 0,6} \approx 1,55$.

> **Satz I.3 Varianz und Standardabweichung von X**
> X sei die Trefferzahl in einer Bernoulli-Kette der Länge n mit der Trefferwahrscheinlichkeit p. Dann gilt:
>
> $$\sigma^2 = V(X) = n \cdot p \cdot (1 - p),$$
> $$\sigma = \sigma(X) = \sqrt{V(X)}.$$

Drehen eines Glücksrades:

Versuchsanzahl: n = 10
Treffer: Es kommt ROT
Trefferwahrsch.: p = 0,4

Beobachtete Zufallsgröße X:
X = Anzahl der Treffer

Wahrscheinlichkeitsverteilung von X:

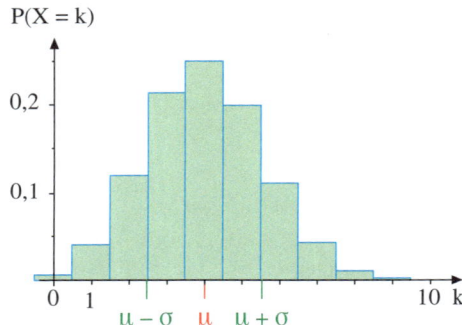

Erwartungswert von X:
$E(X) = n \cdot p = 10 \cdot 0,4 = 4$

Varianz und Standardabweichung von X:
$V(X) = n \cdot p \cdot (1 - p) = 10 \cdot 0,4 \cdot 0,6 = 2,4$
$\sigma(X) = \sqrt{V(X)} \approx 1,55$

Bedeutung der Parameter μ und σ:
Die Anzahl der Treffer bei n = 10 Versuchen beträgt im Mittel $\mu = 4$.
Die Standardabweichung 1,55 beschreibt die Streuung um den Mittelwert. Sie ist relativ groß bezogen auf den Versuchsumfang von n = 10.

Übung 10
Berechnen Sie den Erwartungswert und die Standardabweichung einer binomialverteilten Zufallsgröße X mit n = 100 und p = 0,1. Deuten Sie das Ergebnis.

Übungen

11. Der Würfel mit dem abgebildeten Netz wird 6-mal geworfen.
    X sei die Anzahl der geworfenen Zweier (Treffer).
    a) Tabellieren Sie $P(X = k)$ für $k = 0, \ldots, 6$ und stellen Sie die Wahrscheinlichkeitsverteilung der Zufallsgröße X grafisch dar.
    b) Wie groß ist der Erwartungswert von X?

12. Eine Münze wird 10-mal geworfen. X sei die Anzahl der Kopfwürfe.
    a) Berechnen Sie den Erwartungswert von X.
    b) Mit welcher Wahrscheinlichkeit wird bei einer korrekten Durchführung des Experimentes die Trefferzahl gleich dem Erwartungswert sein?

13. Carl füllt einen Multiple-Choice-Test auf gut Glück aus.
    (10 Fragen, jeweils 5 Antworten, jeweils eine richtig)
    a) Mit wie vielen richtigen Antworten kann Carl rechnen?
    b) Mit welcher Wahrscheinlichkeit erreicht Carl höchstens 30% richtige Antworten?

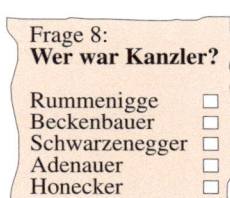

Frage 8:
Wer war Kanzler?

Rummenigge ☐
Beckenbauer ☐
Schwarzenegger ☐
Adenauer ☐
Honecker ☐

14. Ein Autohersteller bestellt Scheinwerferlampen. Erfahrungsgemäß sind 4% der Lampen fehlerhaft.
    a) Wie viele fehlerhafte Lampen sind in einer Lieferung von 5000 Lampen zu erwarten?
    b) Der Autohersteller benötigt im Mittel mindestens 6000 fehlerfreie Lampen.
       Wie viele Lampen soll er bestellen, um 6000 fehlerfreie Lampen zu erwarten?

15. Pollen können Heuschnupfen auslösen. Ein Nasenspray wirkt in 70% aller Anwendungsfälle lindernd.
    a) 20 Patienten nehmen das Mittel gegen ihre Beschwerden ein. Bei wie vielen Patienten ist eine Linderung zu erwarten?
    b) Wie groß ist die Wahrscheinlichkeit, dass das Mittel exakt bei der erwarteten Anzahl von Patienten wirkt?

16. Aus der abgebildeten Urne werden n Kugeln mit Zurücklegen gezogen. X sei die Anzahl der gezogenen roten Kugeln, Y die Anzahl der gezogenen gelben Kugeln.
    a) Es sei $n = 5$. Skizzieren Sie das Verteilungsdiagramm von X. Berechnen Sie $E(X)$.
    b) Wieder sei $n = 5$. Mit welcher Wahrscheinlichkeit werden genau 3 rote Kugeln gezogen?
    c) Wie viele Kugeln müssen mindestens gezogen werden, damit der Erwartungswert von Y größer als 5 ist?

17. Ein Sportschütze trifft die Wurfscheiben mit einer Wahrscheinlichkeit von 90%. Eine Serie besteht aus 10 Schüssen. Mit welcher Wahrscheinlichkeit treten die folgenden Ereignisse ein?

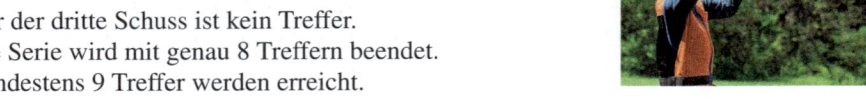

    A: Alle Schüsse der Serie sind Treffer.
    B: Nur der dritte Schuss ist kein Treffer.
    C: Die Serie wird mit genau 8 Treffern beendet.
    D: Mindestens 9 Treffer werden erreicht.

18. Die Gewinnwahrscheinlichkeit bei einem Glücksspiel liegt bei 20%.
    a) Mit welcher Wahrscheinlichkeit gewinnt man bei 10 Spielen genau einmal?
    b) Mit welcher Wahrscheinlichkeit gewinnt man mindestens zweimal bei 10 Spielen?

19. An einem Taxistand sind 10 Taxen stationiert. Ein Fahrzeug steht pro Stunde durchschnittlich 12 Minuten auf dem Stand.
    a) Mit welcher Wahrscheinlichkeit ist zu einem bestimmten Zeitpunkt mindestens ein Taxi anzutreffen?
    b) Welche Zahl von Taxen ist am häufigsten anzutreffen?
    c) Mit welcher Wahrscheinlichkeit sind gleich mehrere Taxen am Stand anzutreffen?

20. 80% aller Gäste eines Hotels mit 30 Betten buchen den Aufenthalt mit Halbpension.

    a) Für ein Wochenende ist das Hotel ausgebucht.
       Wie viele Gäste mit Halbpension sind zu erwarten?
    b) Wie groß ist die Wahrscheinlichkeit, dass höchstens 2 Gäste ohne Halbpension gebucht haben?

21. Petra ist Eiskunstläuferin. Die Wahrscheinlichkeit, dass sie eine Trainingseinheit auf dem Eis ohne Sturz absolviert, liegt bei 10%. Pro Woche absolviert Petra 12 Trainingseinheiten.
Berechnen Sie die Wahrscheinlichkeiten der folgenden Ereignisse.
    A: Mindestens eine Trainingseinheit übersteht Petra ohne Sturz.
    B: Nur die 3. und die 10. Trainingseinheit waren ohne Sturz.

22. Sven möchte Fußballprofi werden. Seine Treffsicherheit beim Schießen von Elfmetern ist p.

    a) Wie groß muss p mindestens sein, damit er sich bei 10 Elfmetern mit 60% Wahrscheinlichkeit keinen Fehlschuss leistet?
    b) Nun sei p = 0,5. Liegt die Wahrscheinlichkeit, dass der Spieler höchstens 3 der 10 Freischüsse verschießt, über 20%?

4. Praxis der Binomialverteilung

Im Folgenden werden Anwendungen der Binomialverteilung in rechenaufwendigeren Zusammenhängen behandelt.
Wir zeigen aber zunächst noch einmal, um welche Grundprobleme es geht.

A. Berechnung von Punktwahrscheinlichkeiten

Betrachtet wird eine Bernoulli-Kette der Länge n mit der Trefferwahrscheinlichkeit p.
$P(X = k)$ sei die Wahrscheinlichkeit, dass die Zufallsvariable X = Anzahl der Treffer den Einzelwert k annimmt.

X ist binomialverteilt, somit gilt für die *Punktwahrscheinlichkeit* $P(X = k)$ die bereits bekannte Formel von Bernoulli:

$$P(X = k) = B(n; p; k) = \binom{n}{k} \cdot p^k \cdot (1 - p)^{n-k}$$

Für n = 5 und $p = \frac{1}{6}$ sieht der Graph der Verteilung von B so aus wie rechts dargestellt.

> **Die einfache Binomialverteilung**
> **B (n; p; k)**
> Bei einer Binomialverteilung lautet die Wahrscheinlichkeit für genau k Treffer:
> $$P(X = k) = B(n; p; k)$$
> $$= \binom{n}{k} \cdot p^k \cdot (1 - p)^{n-k}$$

Beispiel: $B\left(5; \frac{1}{6}; k\right)$

$P(X = k)$

0,4019 0,4019 0,1608 0,0322 0,0032 0,0001   k

0   1   2   3   4   5

Im Folgenden wird ein Beispiel zur Punktwahrscheinlichkeit auf einer Notes-Seite des CAS gelöst.

▶ **Beispiel:**
Ein Multiple-Choice-Test besteht aus 20 Fragen mit jeweils 5 Antwortmöglichkeiten, von denen stets genau eine richtig ist. Ein Testkandidat kreuzt zu jeder Frage auf gut Glück eine der Antwortmöglichkeiten an. Mit welcher Wahrscheinlichkeit erzielt er genau 4 richtige Antworten.

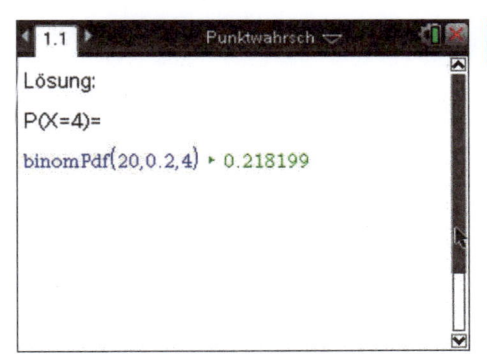

Lösung:
X sei die Anzahl der Fragen, die der Kandidat richtig beantwortet. Die Trefferwahrscheinlichkeit beträgt $p = \frac{1}{5} = 0{,}2$. Zu berechnen ist also $B(20; 0{,}2; 4) = \binom{20}{4} \cdot 0{,}2^4 \cdot 0{,}8^{16}$.
▶ Mit dem CAS (s. Bild rechts) erhält man $0{,}218199 \approx 21{,}82\,\%$.

Übung 1 (zum obigen Beispiel)
Mit welcher Wahrscheinlichkeit erzielt der Kandidat 10 Treffer?

B. Intervallwahrscheinlichkeiten und kumulierte Binomialverteilung

Mit der Formel von Bernoulli werden *Punktwahrscheinlichkeiten* $P(X = k) = B(n; p; k)$ einer binomialverteilten Zufallsgröße X für eine einzige Trefferzahl k berechnet.

Wird dagegen nach der Intervallwahrscheinlichkeit $P(X \leq k)$ gefragt, so müssen die Punktwahrscheinlichkeiten $P(X = 0)$, $P(X = 1)$, …, $P(X = k)$ berechnet und anschließend addiert werden, also $P(X \leq k) = B(n; p; 0) + B(n; p; 1) + \cdots + B(n; p; k)$. Man spricht in diesem Fall von der *kumulierten Binomialverteilung* und schreibt für die Summe kurz $F(n; p; k)$.

> **Satz I.4: Formel zur kumulierte Binomialverteilung**
> Liegt eine Bernoullikette der Länge n mit der Trefferwahrscheinlichkeit p vor, so wird die Wahrscheinlichkeit für höchstens k Treffer mit $F(n; p; k)$ bezeichnet:
> $$P(X \leq k) = F(n; p; k) = B(n; p; 0) + B(n; p; 1) + \cdots + B(n; p; k)$$
> Auf Notes- und Calculatorseiten des [CAS] steht die Funktion binomCdf(n,p,k) zur Verfügung.

Damit können beliebige Intervallwahrscheinlichkeiten erfasst werden.

1. Linksseitige Intervallwahrscheinlichkeit:

$P(X \leq k) = F(n; p; k)$

[CAS] $= \text{binomCdf}(n, p, k)$

2. Rechtsseitige Intervallwahrscheinlichkeit:

$P(X \geq k) = 1 - P(X \leq k - 1) = 1 - F(n; p; k - 1)$

[CAS] $= 1 - \text{binomCdf}(n, p, k - 1)$

3. Zweiseitige Intervallwahrscheinlichkeit:

$P(j \leq X \leq k) = P(X \leq k) - P(X \leq j - 1) = F(n; p; k) - F(n; p; j - 1)$

[CAS] $= \text{binomCdf}(n, p, j, k)$

> Man beachte, dass bei der zwei-seitigen Intervall-wahrscheinlichkeit die CAS-Funktion binomCdf mit beiden Intervallparametern aufgerufen werden kann.

Im Folgenden wird ein Beispiel zu verschiedenen Intervallwahrscheinlichkeiten auf einer Notes-Seite des CAS gelöst.

[CAS] ▶

Beispiel:
Ein Multiple-Choice-Test besteht aus 20 Fragen mit jeweils 5 Antwortmöglichkeiten, von denen stets genau eine richtig ist. Ein Testkandidat kreuzt zu jeder Frage auf gut Glück eine der Antwortmöglichkeiten an. Mit welcher Wahrscheinlichkeit erzielt er
a) höchstens 8 richtige Antworten,
b) mindestens 6 richtige Antworten,
▶ c) 3 bis 8 richtige Antworten.

Übung 2 (zum obigen Beispiel)
Mit welcher Wahrscheinlichkeit erzielt der Kandidat weniger als 5 oder mehr als 15 Treffer?

C. Anwendungsaufgaben

Im Folgenden werden zahlreiche Anwendungsaufgaben zur Binomialverteilung angeboten, wobei sich unterschiedlich strukturierte Fälle ohne Schwierigkeiten auf die kumulierte Binomialverteilung $P(X \leq k) = F(n, p, k) = \text{binCdf}(n, p, k)$ zurückführen lassen. Wir zeigen dies anhand eines Beispiels.

> **Beispiel:** Ein Multiple-Choice-Test besteht aus 20 Fragen mit jeweils 5 Antwortmöglichkeiten, von denen stets genau eine richtig ist. Der Kandidat absolviert den Test, indem er zu jeder Frage auf gut Glück eine der Antwortmöglichkeiten ankreuzt.
> Mit welcher Wahrscheinlichkeit erzielt er
> 1. höchstens 8 richtige Antworten,
> 2. genau 4 richtige Antworten,
> 3. mindestens 6 richtige Antworten,
> 4. 3 bis 8 richtige Antworten?

Lösung:
X sei die Anzahl der Fragen, die der Kandidat richtig beantwortet. Die Trefferwahrscheinlichkeit beträgt $p = 0,2$.

1. Gesucht ist die Wahrscheinlichkeit $P(X \leq 8)$ für ein **linksseitiges Intervall**. Dies ist der Standardfall. Wir können die gesuchte Wahrscheinlichkeit unmittelbar mit Hilfe der kumulierten Binomialverteilung bestimmen.	$\begin{aligned} P(X \leq 8) &= F(20; 0,2; 8) \\ &\approx 0,9900 \\ &= 99\% \end{aligned}$
2. Gesucht ist die **Wahrscheinlichkeit** $P(X = 4)$. Wir können diese unmittelbar mit der Formel zur Binomialverteilung $B(20; 0,2; 4)$ berechnen.	$\begin{aligned} P(X = 4) &= B(20; 0,2; 4) \\ &\approx 0,2182 = 21,82\% \end{aligned}$
3. Gesucht ist die Wahrscheinlichkeit $P(X \geq 6)$ für ein **rechtsseitiges Intervall**. Wir können diese Wahrscheinlichkeit als Gegenwahrscheinlichkeit von $P(X \leq 5)$ bestimmen.	$\begin{aligned} P(X \geq 6) &= 1 - P(X \leq 5) \\ &= 1 - F(20; 0,2; 5) \\ &\approx 1 - 0,8042 \\ &= 0,1958 = 19,58\% \end{aligned}$
4. Gesucht ist die Intervallwahrscheinlichkeit $P(3 \leq X \leq 8)$. Wir können diese Wahrscheinlichkeit wiederum als Differenz zweier kumulierter Wahrscheinlichkeiten bestimmen.	$\begin{aligned} P(3 \leq X \leq 8) &= P(X \leq 8) - P(X \leq 2) \\ &= F(20; 0,2; 8) - F(20; 0,2; 2) \\ &\approx 0,9900 - 0,2061 \\ &= 0,7839 = 78,39\% \end{aligned}$

Übungen

3. Bestimmung von Wahrscheinlichkeiten für die Trefferzahl X einer Bernoulli-Kette
Bestimmen Sie die Wahrscheinlichkeit mit dem CAS-Taschenrechner.

a) $P(X = 3)$; $n = 5$; $p = 0,5$
b) $P(X = 10)$; $n = 20$; $p = \frac{2}{3}$

c) $P(X = 5)$; $n = 20$; $p = 0,25$
d) $P(X \leq 10)$; $n = 50$; $p = 0,3$

e) $P(X \leq 7)$; $n = 15$; $p = \frac{2}{3}$
f) $P(X \geq 7)$; $n = 15$; $p = \frac{1}{3}$

g) $P(4 \leq X \leq 6)$; $n = 10$; $p = \frac{1}{4}$
h) $P(5 \leq X \leq 8)$; $n = 50$; $p = 0,1$

i) $P(30 \leq X \leq 35)$; $n = 100$; $p = 0,4$
j) $P(X \geq 60)$; $n = 100$; $p = 0,6$

4. Anwendung der Bernoulliformel
Betrachtet wird $P(X = 5) = B(10; 0,6; 5)$.
a) Berechnen Sie die Wahrscheinlichkeit mit Hilfe der Bernoulliformel.
b) Bestimmen Sie die Wahrscheinlichkeit mit Hilfe des CAS-Taschenrechners.

5. Strategie zur Bestimmung von Wahrscheinlichkeiten
Erläutern Sie, wie man bei einer Bernoulli-Kette der Länge n mit der Trefferwahrscheinlichkeit p die gesuchte Wahrscheinlichkeit bestimmen kann. X sei eine binomialverteilte Zufallsgröße.

a) $P(X = 2)$
b) $P(X \leq 4)$
c) $P(X \geq 3)$

d) $P(2 \leq X \leq 5)$
e) $P(2 < X \leq 5)$
f) $P(X < 3 \text{ oder } X \geq 6)$

6. Angabe eines passenden Experimentes
Der angegebene Wert beschreibt eine Wahrscheinlichkeit bei einer Bernoulli-Kette. Geben Sie ein dazu passendes reales Experiment an.

a) $B(50; 0,5; 20)$
b) $F\left(6; \frac{1}{6}; 2\right)$

c) $F\left(10; \frac{1}{7}; 2\right)$
d) $F\left(20; \frac{1}{10}; 2\right)$

e) $P(X \geq 40)$; $n = 100$; $p = \frac{1}{3}$
f) $P(5 \leq X \leq 10)$; $n = 20$; $p = \frac{1}{4}$

7. Reißnagelwurf
Ein Reißnagel wird 20-mal geworfen. Er bleibt im Mittel mit einer Wahrscheinlichkeit von 70% auf dem Kopf liegen.
Bestimmen Sie die Wahrscheinlichkeit dafür, dass
a) der Reißnagel genau 14-mal in Kopflage kommt.
b) mehr als 10-mal die Kopflage einnimmt.
c) höchstens 10-mal in Seitenlage kommt.
d) zwischen 5- und 10-mal die Kopflage erreicht wird.
e) weniger als 5-mal oder mehr als 15-mal die Kopflage erreicht wird.

8. Defekte Widerstände
Ein Elektronikmarkt verkauft Widerstände in Packungen mit $n = 20$ Stück.
Im Mittel sind 50 von 1000 Widerständen fehlerhaft.
a) Mit welcher Wahrscheinlichkeit enthält eine Packung keinen defekten Widerstand?
b) Mit welcher Wahrscheinlichkeit enthält eine Packung mindestens ein defektes Teil?
c) Ein Kunde kauft 5 Packungen. Mit welcher Wahrscheinlichkeit sind alle fehlerfrei?

9. Verspätung

Ein Flugzeug ist mit 100 Plätzen ausgebucht. Im Durchschnitt verpassen zwei Passagiere den Flug, weil sie verhindert sind oder zu spät erscheinen.
a) Mit welcher Wahrscheinlichkeit kommen bei einem Flug alle 100 Passagiere?
b) Mit welcher Wahrscheinlichkeit verpassen 3 oder mehr Passagiere einen Flug?
c) Mit welcher Wahrscheinlichkeit verpasst kein einziger Passagier drei aufeinander folgende Flüge?

10. Blutgruppen

Von den vier Blutgruppen A, B, 0 und AB tritt AB am seltensten auf. Nur 5 % der Bevölkerung besitzen diese Blutgruppe. Bei einer Blutspendeaktion nehmen 80 Personen teil.
a) Mit welcher Wahrscheinlichkeit besitzen genau 4 die Blutgruppe AB?
b) Mit welcher Wahrscheinlichkeit besitzen mehr als 5 Personen Blutgruppe AB?
c) Mit welcher Wahrscheinlichkeit besitzen zwischen 3 und 5 Personen Blutgruppe AB?

11. Sonnenblumensamen

Ein Samenhandel vertreibt Sonnenblumensamen in Tütchen mit je 50 Stück.
Ein Katalog wirbt mit dem Hinweis: Im Mittel keimen 45 Samen.
Wir nehmen an, dass diese Aussage richtig ist.
a) Mit welcher Wahrscheinlichkeit keimen mindestens 45 der Samen?
b) Mit welcher Wahrscheinlichkeit keimen 40 bis 45 der Samen?
c) Mit welcher Wahrscheinlichkeit keimen mehr als 48 der Samen?

12. Würfelwurf

Ein Würfel wird 12-mal geworfen.
Bestimmen Sie die Wahrscheinlichkeit, dass
a) mehr als 4-mal die Eins kommt,
b) höchstens 3-mal die Eins kommt,
c) zwei oder 3-mal die Eins kommt,
d) zwischen 5- und 7-mal eine gerade Augenzahl kommt,
e) mehr als 4-mal und weniger als 8-mal eine Zahl größer als 2 kommt.

13. Mittagstisch

In einer Betriebskantine nehmen im Durchschnitt 80 von 120 Mitarbeitern am Mittagstisch teil.
Mit welcher Wahrscheinlichkeit nehmen an einem Tag
a) mehr als 80 Mitarbeiter am Essen teil,
b) weniger als 80 Mitarbeiter am Essen teil,
c) 80 bis 85 Mitarbeiter am Essen teil,
d) mehr als 80 aber weniger als 90 Mitarbeiter am Essen teil?

14. Meinungsumfrage

Bei einer telefonischen Meinungsumfrage nehmen erfahrungsgemäß lediglich 10 % der Befragten teil. Mit welcher Wahrscheinlichkeit nehmen von 100 angerufenen Personen
a) weniger als 9 teil,   b) mehr als 11 teil,   c) zwischen 12 und 15 teil?

15. Gleichungen bei Binomialkoeffizienten

Begründen Sie die Richtigkeit folgender Gleichungen.
a) $\binom{n}{k} = \binom{n}{n-k}$.   b) $\binom{n}{k} = \binom{n-1}{k-1} + \binom{n-1}{k}$.

16. Auf Robinsons Insel ist täglich entweder schö-
nes oder schlechtes Wetter. Mit einer Wahr-
scheinlichkeit von 80% scheint die Sonne.
Die Regenwahrscheinlichkeit beträgt 20%.
Donald besucht Robinson für eine Woche.
Mit welcher Wahrscheinlichkeit ist

a) der erste Tag verregnet?
b) die ganze Woche schönes Wetter?
c) genau ein Tag verregnet?
d) an genau zwei Tagen Regenwetter?
e) an mindestens zwei Tagen Regenwetter?
f) an höchstens zwei Tagen Regenwetter?
g) Donald hat auf 20 Tage Urlaub verlängert. Mit welcher Wahrscheinlichkeit erlebt er mehr
   Sonnen- als Regentage?
h) Für wie viele Tage müsste er mindestens buchen, um die Wahrscheinlichkeit für mindestens
   einen schönen Tag auf mindestens 99,99% zu sichern?

17. Der Torwart von FC Sieglos kann von 10 Elfmetern durchschnittlich 3 abwehren.
Bei einem Elfmeterschießen werden 8 Elfmeter auf das Tor der Siegloser Mannschaft ge-
schossen. Berechnen Sie die Wahrscheinlichkeit dafür, dass mehr Schüsse treffen als abge-
wehrt werden können.

18. Die Einsatzbereitschaft jeder der 10 Feuerwehr-
wachen einer Stadt beträgt 60%. Berechnen Sie
die Wahrscheinlichkeit, dass beim Ausbruch
eines Großbrandes

a) genau drei Wachen einsatzbereit sind,
b) mindestens acht Wachen einsatzbereit sind,
c) weniger als drei Wachen einsatzbereit sind,
d) nur die drei Wachen am Südtor, am Bahnhof
   und am Hühnerberg einsatzbereit sind.

19. Die neue Diät FDH soll mit einer Wahrscheinlichkeit von 80% zu einer Gewichtsabnahme
von mindestens 10 kg innerhalb eines Monats führen.
Die 20 übergewichtigen Mitglieder des Schützenvereins wenden die Diät an.
Bestimmen Sie die Wahrscheinlichkeit dafür, dass
a) mindestens ein Mitglied das Ziel nicht schafft,
b) höchstens 10 Mitglieder Erfolg haben,
c) mindestens 13, aber weniger als 18 das Ziel erreichen.
d) Johannes, Thomas und eines der beiden Mitglieder namens Günther es nicht schaffen.

20. Beim 18-maligen Werfen eines fairen Würfels erwartet man im Mittel dreimal die Sechs.
a) Wie wahrscheinlich ist es, dass dieser Erwartungswert tatsächlich eintritt bzw. dass er nicht eintritt bzw. dass er überschritten wird?
b) Wie wahrscheinlich ist es, dass die Anzahl der Sechsen den Erwartungswert um höchstens 1 unterschreitet (um höchstens 1 überschreitet)?
c) Wie wahrscheinlich ist eine Unterschreitung um mindestens 2 (eine Überschreitung um mindestens 2)?
d) Lösen Sie die Fragen a bis c für den Fall, dass der Würfel 12-mal geworfen wird.
e) Lösen Sie die Fragen a bis c für den Fall, dass der Würfel 50-mal geworfen wird.

21. Ein medizinisches Haarwaschmittel enthält Selen-(IV)-Sulfid. Dieser Inhaltsstoff führt bei ca. 3 % der Patienten zu einer nicht erwünschten Nebenwirkung in Form einer lokalen allergischen Reaktion. Ein Arzt behandelt pro Jahr durchschnittlich 10 Patienten mit diesem Mittel.
a) Wie groß ist die Wahrscheinlichkeit, dass der Arzt innerhalb eines Jahres wenigstens einen Patienten sieht, der allergisch reagiert?
b) Der Arzt glaubt, sich erinnern zu können, die besagte Allergie innerhalb der letzten 8 Jahre bei insgesamt 80 Anwendungsfällen ca. 4-mal bis 7-mal beobachtet zu haben. Ist es wahrscheinlich, dass diese Angaben den tatsächlichen Gegebenheiten entsprechen?

22. Das Spiel Superhirn – auch Mastermind genannt – ist ein interessantes Denk- und Taktikspiel für zwei Personen. Mit vier Farben wird vom ersten Spieler mithilfe von Plastikknöpfen ein vierstelliger Farbcode gebildet, wobei die Reihenfolge eine Rolle spielt. Es ist erlaubt, ein- und dieselbe Farbe mehrfach zu verwenden. Der zweite Spieler muss den Code herausfinden (die richtigen Farben an den richtigen Positionen). Dazu macht er in der ersten Runde einen simplen Rateversuch.

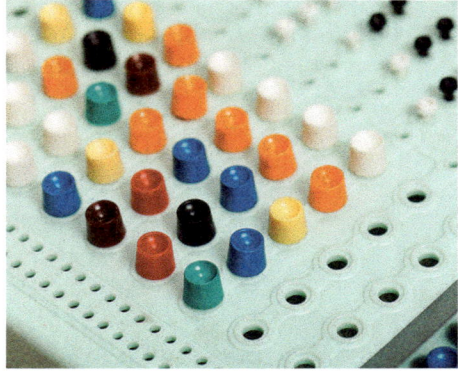

a) Wie groß ist die Wahrscheinlichkeit, dass er bei diesem Rateversuch die richtige Kombination auf Anhieb errät?
b) Welche Anzahl von richtig erratenen Stellen ist am wahrscheinlichsten?
c) Wie wahrscheinlich ist es, dass der zweite Spieler zwei bis drei Stellen richtig rät?

23. Otto und Egon werfen 20-mal zwei Münzen mit einem Wurf. Otto wettet 10 €, dass das Ergebnis „doppelter Kopfwurf" dreimal bis viermal kommt. Egon setzt 20 € dagegen.
a) Wessen Gewinnerwartung ist günstiger?
b) Wie lautet das Resultat, wenn beide Münzen 50-mal geworfen werden?

24. 30% aller Schüler haben schadhafte Zähne.
Der Schulzahnarzt untersucht an einem Tag
die 20 Schüler der dritten Klasse.

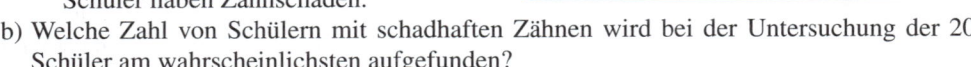

a) Berechnen Sie die Wahrscheinlichkeiten
der folgenden Ereignisse:
   A: Keiner der Schüler hat Zahnschäden.
   B: Nur die ersten vier untersuchten Schü-
   ler haben Zahnschäden.
   C: Mindestens einer, aber höchstens fünf
   Schüler haben Zahnschäden.

b) Welche Zahl von Schülern mit schadhaften Zähnen wird bei der Untersuchung der 20
Schüler am wahrscheinlichsten aufgefunden?

c) Ermitteln Sie, wie viele Schüler der Arzt mindestens untersuchen muss, um mit der Wahrscheinlichkeit von mindestens 90% wenigstens einen Schüler mit Zahnschäden zu finden?

25. Im Stadtrat wird über ein wichtiges Projekt abgestimmt. Der Rat hat 20 Mitglieder. Das Projekt wird durchgeführt,
wenn mehr als die Hälfte der Mitglieder
dafür stimmen.

a) Alle Mitglieder des Stadtrates sind
unentschieden. Mit welcher Wahrscheinlichkeit wird das Projekt angenommen?

b) Drei Mitglieder des Stadtrates haben
sich abgesprochen. Sie wollen das
Projekt unbedingt durchsetzen. Alle
anderen sind unentschieden. Mit
welcher Wahrscheinlichkeit kommt
das Projekt nun zur Durchführung?

26. Beim „Mensch ärgere dich nicht" darf
derjenige, der an der Reihe ist, zu Be-
ginn dreimal würfeln. Wenn dabei eine
Sechs fällt, darf der Spieler seine Figur
auf das Spielbrett setzen. Wie oft muss
man mindestens an der Reihe sein, damit die Wahrscheinlichkeit für das Auf-
setzen auf mindestens 95% steigt.

27. Knut Bolz schießt auf eine Torwand. Man
weiß, dass er im Mittel bei den zwei Schüssen eines Durchgangs zunächst mit 25%
oben und dann zu 40% unten trifft.

   a) Mit welcher Wahrscheinlichkeit
      trifft er bei einem Durchgang
      A: oben und unten,
      B: genau einmal,
      C: gar nicht?
   b) Nun macht Knut 10 Durchgänge.
      Mit welcher Wahrscheinlichkeit
      D: trifft er genau zweimal sowohl das obere als auch das untere Loch,
      E: trifft er bei genau 5 Durchgängen weder oben noch unten,
      F: trifft er bei höchstens 2 Durchgängen beide Öffnungen,
      G: trifft er das obere Loch 4-mal bis 6-mal?
   c) Ermitteln Sie, wie viele Durchgänge Knut mindestens machen müsste, um mit einer Wahr-
      scheinlichkeit von mindestens 99,99% mindestens einmal beide Löcher zu treffen.

28. Der Basketballspieler Dirk Nowitzki trifft
von der Freiwurflinie mit einer Wahrscheinlichkeit von 95%. Seine Treffsicherheit bei
3-Punkt-Würfen liegt bei 30%.

   a) In einem Spiel bekommt Nowitzki nach
      Fouls 15 Freiwürfe. Mit welcher Wahr-
      scheinlichkeit punktet er
      A: bei allen Freiwürfen,
      B: bei weniger als 13 Würfen?
   b) Mit welcher Wahrscheinlichkeit trifft Dirk bei zehn 3-Punkt-Würfen
      C: mindestens viermal,
      D: höchstens zweimal,
      E: nur beim 8. Versuch?
   c) Ermitteln Sie, wie viele 3-Punkt-Würfe Dirk mindestens benötigt, um mit mindestens 99%
      Sicherheit mindestens einmal zu treffen.

29. Nach einem Kälteeinbruch ist die Pünktlich-
keit der Züge einer Bahngesellschaft auf 80%
gesunken.

   a) Berechnen Sie die Wahrscheinlichkeit,
      dass
      A: der Zug eines Pendlers an allen
         5 Arbeitstagen einer Woche
         pünktlich ist,
      B: von 20 Zügen mindestens 14 und
         höchstens 17 pünktlich sind.
   b) Ermitteln Sie, wie viele Züge mindestens geprüft werden müssen, damit mit mindestens
      99% Wahrscheinlichkeit mindestens einer davon verspätet ist.

Übungen

Die folgenden Aufgaben sollen ohne die Verwendung von Hilfsmitteln gelöst werden.

1. Uralte Münze

Eine uralte Münze wird einige Male geworfen. p sei die unbekannte Wahrscheinlichkeit für Kopf.

a) Geben Sie einen Bruchterm für die Wahrscheinlichkeit an, dass bei 6 Würfen genau 3-mal Kopf fällt.

b) Bei 6 Würfen fällt insgesamt genau 3-mal Kopf. Bei den ersten beiden Würfen fällt bereits 2-mal Kopf. Wie groß ist die Wahrscheinlichkeit für dieses Ereignis?

Es reicht, das Ergebnis als Bruchterm anzugeben ohne weitere Ausrechnung.

c) Die Wahrscheinlichkeit, beim 3-fachen Werfen der Münze 3-mal Kopf zu erzielen, beträgt $\frac{64}{1000} = 0{,}064$. Untersuchen Sie, ob unter dieser Voraussetzung beim einfachen Münzwurf das Ergebnis Kopf oder das Ergebnis Zahl wahrscheinlicher ist.

2. Bernoulli-Kette

Eine Zufallsgröße X ist binomialverteilt mit den Parametern $n = 48$ (Kettenlänge) und $p = \frac{1}{4}$.

a) Bestimmen Sie den Erwartungswert und die Standardabweichung von X.

b) Geben Sie einen Term für die Wahrscheinlichkeit an, dass die Trefferzahl den Wert 12 annimmt.

3. Glücksrad

Mit dem abgebildeten Glücksrad können Zufallsexperimente durchgeführt werden.

a) Beschreiben Sie ein Zufallsexperiment mit dem Glücksrad, bei dem sich die Wahrscheinlichkeit eines Ereignisses A durch den Term $P(A) = \binom{5}{3} \cdot \left(\frac{2}{5}\right)^3 \cdot \left(\frac{3}{5}\right)^2$ bestimmen lässt.

Um welches Ereignis A kann es sich hierbei handeln?

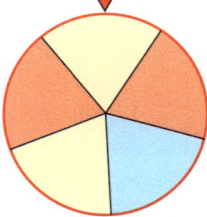

b) Berechnen Sie den Binomialkoeffizienten $\binom{5}{3}$ manuell.

c) Zeigen Sie, dass für die Wahrscheinlichkeit von A gilt: $P(A) < \frac{1}{4}$.

4. Erwartungswert und Standardabweichung

Untersucht werden soll eine Bernoulli-Kette der Länge $n = 192$ mit der Trefferwahrscheinlichkeit $p = \frac{1}{4}$. X sei die Anzahl der Treffer.

a) Bestimmen Sie den Erwartungswert μ und die Standardabweichung σ von X.

b) Geben Sie an, welche Trefferzahl am wahrscheinlichsten ist.

5. Erwartungswert und Standardabweichung

Die Zufallsgrößen X und Y haben die folgenden Wahrscheinlichkeitsverteilungen.

k	1	2	6
P(X = k)	$\frac{2}{5}$	$\frac{1}{2}$	$\frac{1}{10}$

k	1	2	16
P(Y = k)	$\frac{2}{5}$	$\frac{1}{2}$	$\frac{1}{10}$

a) Skizzieren Sie die Wahrscheinlichkeitsverteilungen von X und Y (Säulendiagramme).
b) Bestimmen Sie die Erwartungswerte von X und Y.
c) Berechnen Sie die Standardabweichung von X.
d) Klären Sie ohne weitere Rechnungen, ob die Standardabweichung von Y größer oder kleiner als die Standardabweichung von X ist.

6. Eigenschaften einer Binomialverteilung

a) Ordnen Sie die Binomialverteilungen I. B(5; 0,5; k), II. B(5; 0,7; k) und III. B(5; 0,25; k) den Diagrammen zu. Begründen Sie Ihr Vorgehen.

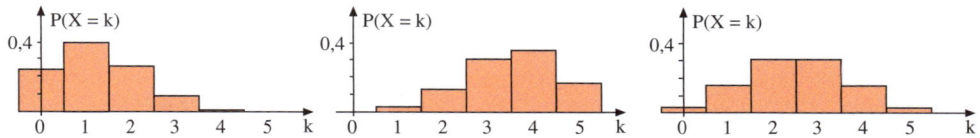

b) Rekonstruieren Sie aus dem Diagramm A die zugehörigen Parameter μ, n und p.
c) Zeigen Sie, dass die Wahrscheinlichkeitsverteilung B nicht binomialverteilt ist.

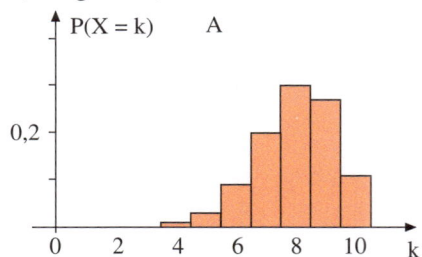
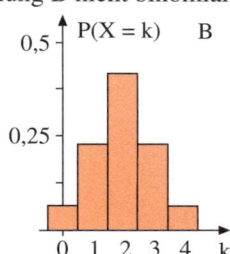

7. Parameterbestimmung einer Binomialverteilung

Von den vier Größen n, p, σ und μ einer Binomialverteilung sind zwei Größen bekannt. Berechnen Sie die jeweils fehlenden Größen.

a) μ = 144, σ = 6   b) σ = 4, n = 72   c) σ = 6, p = 0,5

8. Binomialterme

P(X = k) = B(n; p; k) sei die einfache und P(X = k) = F(n; p; k) die kumulierte Binomialverteilung.

a) Begründen Sie, dass B(n; p; k) ≤ F(n; p; k) gilt. Wann gilt = , wann gilt <?
b) Stellen Sie B(20; 0,2; 0) + B(20; 0,2; 1) + … + B(20; 0,2; 5) als F-Term dar.
c) Stellen Sie B(20; 0,2; 10) + B(20; 0,2; 11) + … + B(20; 0,2; 15) durch F-Terme dar.
d) Stellen Sie P(|X − 4| < 3) für die Binomialverteilung B(20; 0,2; k) durch mehrere B-Terme bzw. durch zwei F-Terme dar.

Das Galton-Brett

Sir Francis Galton wurde am 16. Februar 1822 in Birmingham geboren. Er war ein Cousin des berühmten Vererbungsforschers Charles Darwin (1809 bis 1882). Er unternahm Forschungsreisen auf den Balkan, nach Ägypten und Afrika. 1857 ließ Galton sich in London nieder. 1883 gründete er dort das Galton-Laboratorium, das mit Mathematik, Biologie, Physik und Chemie befasst war. Hier entwickelte Galton für die Auswertung von Statistiken das *Galton-Brett*, mit dem man Binomialverteilungen mechanisch erzeugen kann.

Das Galton-Brett besteht – wie unten abgebildet – aus einem geneigten Brett mit Nagelreihen, die so angeordnet sind, dass aus einem Trichter senkrecht auf den ersten Nagel fallende Kugeln jeweils mit der Wahrscheinlichkeit 0,5 nach links oder nach rechts abgelenkt werden. Bei günstiger Anordnung der Nägel trifft die Kugel wieder senkrecht auf einen Nagel der nächsten Reihe. Die Kugeln fallen schließlich in Fächer. Nummeriert man die Fächer mit 0 bis n, wobei n die Anzahl der Nagelreihen ist, so gibt die Nummer die Anzahl der Rechtsablenkungen der Kugeln an, die hier landen. Lässt man viele Kugeln durch das Brett laufen, entsteht in den Fächern angenähert die Binomialverteilung. Der Zusammenhang zwischen den Pfaden der Bernoulli-Kette im Baumdiagramm und dem Galtonbrett ergibt sich durch folgende Gegenüberstellung.

Bernoullikette: n = 4, p = 0,5

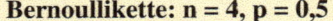

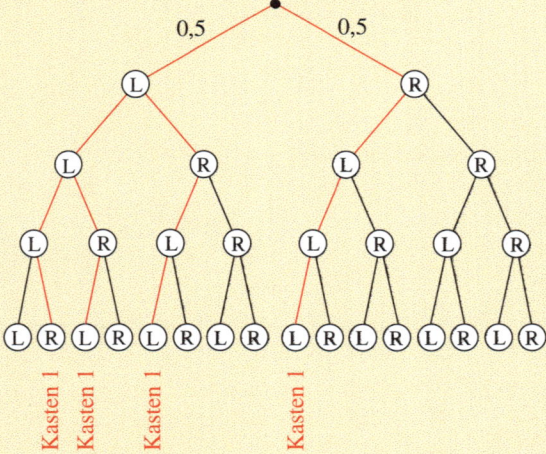

Der Baum besteht aus insgesamt 16 Pfaden. Die vier rot gezeichneten Pfade enthalten jeweils genau einen Treffer (hier: R). Sie führen auf dem Galton-Brett alle in den Kasten Nr. 1.

Galton-Brett: n = 4, p = 0,5

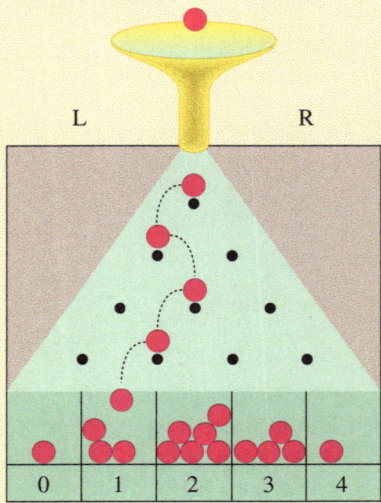

Alle Pfade mit genau einem Treffer (Rechtsablenkung R) werden in Kasten Nr. 1 gelenkt.

Übung 1 Galton-Brett mit drei Stufen, Lauf einer Kugel

Das abgebildete Galton-Brett hat $n = 3$ Stufen. Die Wahrscheinlichkeit für eine Rechtsablenkung betrage $p = 0{,}5$. Eine einzelne Kugel durchläuft das Brett.

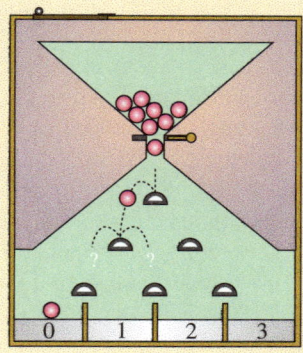

a) Wie viele Pfade gibt es insgesamt?

b) Wie viele Pfade führen zum Kasten Nr. 2?

c) Bestimmen Sie die Wahrscheinlichkeiten, mit welchen die Kugel im Kasten Nr. 0 bzw. Nr. 1 bzw. Nr. 2 bzw. Nr. 3 landet.

d) Mit welcher Wahrscheinlichkeit landet eine Kugel nicht in den beiden mittleren Kästen?

e) Durch Neigung des Brettes nach rechts wird die Wahrscheinlichkeit für eine Rechtsablenkung auf $p = 0{,}6$ gesteigert. Lösen Sie c) und d) für diesen Fall.

Übung 2 Galton-Brett mit drei Stufen, Lauf mehrerer Kugeln

Betrachtet wird wieder das oben abgebildete Galton-Brett mit $n = 3$ und $p = \frac{1}{2}$. Allerdings werden nun der Reihe nach $m = 10$ Kugeln über das Brett geschickt.

a) Mit welcher Wahrscheinlichkeit landet eine einzelne Kugel im Kasten Nr. 2?

b) Mit welcher Wahrscheinlichkeit landen genau 4 der 10 Kugeln im Kasten Nr. 2?

c) Mit welcher Wahrscheinlichkeit landen höchstens drei Kugeln im Kasten Nr. 2?

d) Wie wahrscheinlich sind die folgenden Ereignisse?

A: „Genau 2 Kugeln landen im Kasten Nr. 0"

B: „Alle Kugeln landen in den Kästen 1, 2 oder 3"

Übung 3 Arme Maus

Eine Maus irrt zu Versuchszwecken durch das abgebildete Labyrinth. Sie hat einen leichten Rechtsdrall und entscheidet sich an Abzweigungen mit einer Wahrscheinlichkeit von $\frac{2}{3}$ für rechts.

Teil I: Lauf einer Maus

a) Wie viele mögliche Wege existieren?

b) Mit welcher Wahrscheinlichkeit erreicht die Maus die Karotte bzw. die Walnuss?

c) Mit welcher Wahrscheinlichkeit wird die Erdbeere erreicht? Mit welcher Wahrscheinlichkeit findet die Maus überhaupt Futter?

Teil II: Lauf mehrerer Mäuse

a) 10 Mäuse passieren nun das Labyrinth.
Mit welcher Wahrscheinlichkeit finden mindestens 5 Mäuse die Erdbeere?

b) Wie viele Mäuse muss man mindestens durch das Labyrinth schicken, wenn mit mindestens 99% Wahrscheinlichkeit sichergestellt werden soll, dass mindestens eine Maus die Erdbeere erreicht?

CAS-Anwendung

Ein CAS ermöglicht die direkte Berechnung sowohl der Funktionswerte B (n; p; k) der Binomialverteilung als auch der Werte F (n; p; k) der kumulierten Binomialverteilung. Es ist also nicht erforderlich, diese Funktionen über die Aufsummierung von Produkten aus Binomialkoeffizienten und Potenzen von p und 1 – p nach der Formel von Bernoulli zu berechnen. Auch die Verwendung von Tabellen zur Binomialverteilung erübrigt sich damit.

> **Beispiel: Binomialverteilung**
> Bestimmen Sie die Wahrscheinlichkeit, dass bei einem Test mit 100 Fragen und jeweils 6 Antwortmöglichkeiten durch zufälliges Ankreuzen genau 20 Fragen korrekt beantwortet sind (bzw. höchstens 30, mindestens 30, mindestens 3 und höchstens 8).

Lösung:
Der Versuch kann als Bernoulli-Kette aufgefasst werden, da sich bei zufälligem Ankreuzen die Wahrscheinlichkeit nicht ändert. Das Problem kann also durch die Berechnung von entsprechenden Funktionswerten von B (n; p; k) bzw. F (n; p; k) gelöst werden.

Auf Notes- oder Calculator-Seiten verwendet man für die Binomialverteilung die folgenden Funktionen:
binomPdf (n, p, k) zur Berechnung von
P (X = k) = B (n; p; k),
binomCdf (n, p, k) zur Berechnung von

$$P(X \le k) = \sum_{i=0}^{k} B(n; p; i) \text{ bzw.}$$

binomCdf (n, p, a, b) zur Berechnung von

$$P(a \le X \le b) = \sum_{i=a}^{b} B(n; p; i).$$

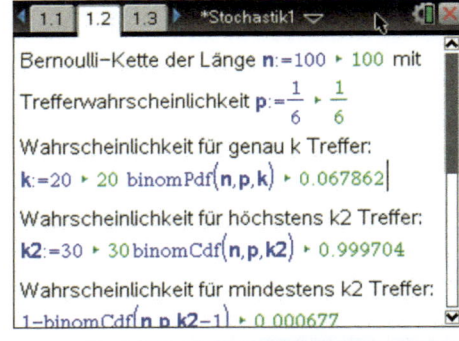

Beide Funktionen kann man direkt eingeben oder mit menu Wahrscheinlichkeit ▸ Verteilungen oder im Katalog 📖 bei den Funktionen auswählen.
Im vorliegenden Fall hat die Bernoulli-Kette die Länge 100 und die Trefferwahrscheinlichkeit $p = \frac{1}{6}$.

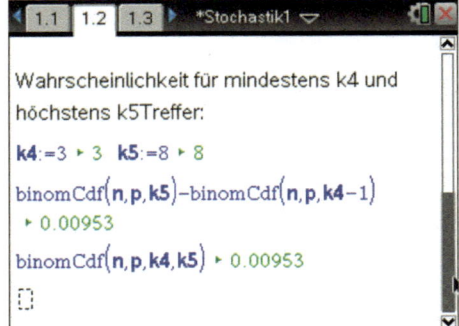

Ergebnis:
P (X = 20) ≈ 6,8 %, P (X ≤ 30) ≈ 99,97 %,
▸ P (X ≥ 30) ≈ 0,07 %, P (3 ≤ X ≤ 8) ≈ 0,95 %.

Übung 1

Ein Ikosaeder, dessen Oberfläche aus 20 kongruenten gleichseitigen Dreiecken besteht, sei mit den Zahlen von 1 bis 10 beschriftet, wobei die 6 und die 10 jeweils sechsmal vorkommen. Dieser „Würfel" wird fünfhundertmal geworfen. Es soll die Wahrscheinlichkeit der folgenden Ereignisse bestimmt werden: a) Genau hundertmal wird die 10, b) mindestens zehnmal die 1, c) mehr als 70-mal die 7, d) zwischen 80- und 120-mal die 6 geworfen.

> **Beispiel: Erwartungswert und Standardabweichung bei einer Binomialverteilung**
> Auf einem Glücksrad gibt es sieben gleich große Felder, vier sind weiß, zwei rot und eins schwarz. Wie oft ist die Farbe rot zu erwarten, wenn das Glücksrad hundertmal gedreht wird? Geben Sie auch die Standardabweichung an.

Lösung

Der Erwartungswert $\mu = E(X) = n \cdot p$ und die durch $s(X) = \sqrt{n \cdot p \cdot (-1 - p)}$ definierte Standardabweichung einer mit den Parametern n und p binomialverteilten Zufallsgröße X können als Funktionen my(n,p) und sigma(n,p) im CAS definiert und anschließend verwendet werden. Für $n = 100$ und $p = \frac{2}{7}$ erhält man den Erwartungswert 28,5714 und die Standardabweichung 4,51754. Es ist also ca. 29-mal bei
▶ 100 Versuchen die Farbe rot zu erwarten.

1.1 ▶	Erwartungsw...ung
$my(n,p):=n \cdot p$	Fertig
$sigma(n,p):=\sqrt{n \cdot p \cdot (1-p)}$	Fertig
$my\left(100, \frac{2}{7}\right)$	28.5714
$sigma\left(100, \frac{2}{7}\right)$	4.51754
	4/99

Übung 2

Bei einer speziellen Sorte von Tulpensamen beträgt die Keimfähigkeit 93 %. In einer Tüte befinden sich 87 Samen, die alle in einem Park ausgesät werden. Wie viele Tulpenpflanzen sind zu erwarten? Geben Sie auch die Standardabweichung an.

Beliebt ist die Frage, wie oft man einen Bernoulli-Versuch *mindestens* wiederholen müsste, um mit einer vorgegebenen Wahrscheinlichkeit von z. B. *mindestens* 95 % *mindestens* einen Treffer mit einer vorgegebenen Trefferwahrscheinlichkeit p zu erzielen. Das Gegenereignis dazu, mindestens einen Treffer zu erzielen, ist genau null Treffer zu erzielen. Die Wahrscheinlichkeit des Gegenereignisses ist leicht zu bestimmen: $P(X = 0) = B(n, p, 0) = \binom{n}{0} \cdot p^0 \cdot (1 - p)^{n - 0} = (1 - p)^n$. Folglich muss gelten: $(1 - p)^n \leq 1 - 0{,}95 = 0{,}05$.

> **Beispiel: „Mindestens-mindestens-mindestens-Aufgabe"**
> Wie oft müsste man einen Bernoulli-Versuch mindestens wiederholen, um mit einer Wahrscheinlichkeit von mindestens 95 % mindestens einen Treffer bei einer Trefferwahrscheinlichkeit von $p = \frac{1}{4}$ zu erzielen?

Lösung:

Nach den vorstehenden Überlegungen ergibt sich für unser Problem die Ungleichung $(1 - p)^n \leq 1 - a$ mit $a = 0{,}95$.
Auf einer Notes-Seite kann man die Eingabe der Werte für $a = 0{,}95$ und $p = \frac{1}{4}$ und die Berechnung der unteren Schranke für n in Math-Boxen einfügen.
▶ Das CAS liefert $n \geq 10{,}4133$, also $n \geq 11$.

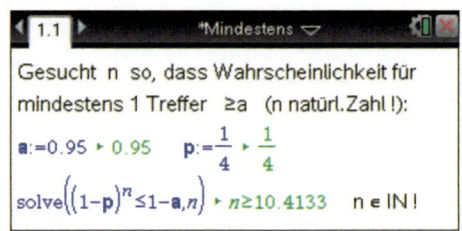

Übung 3

Die Lösung eines Mindestens-mindestens-mindestens-Problems ergab den nebenstehenden Screenshot. Wie könnte das Problem gelautet haben? Wozu dienen die letzten beiden Zeilen?

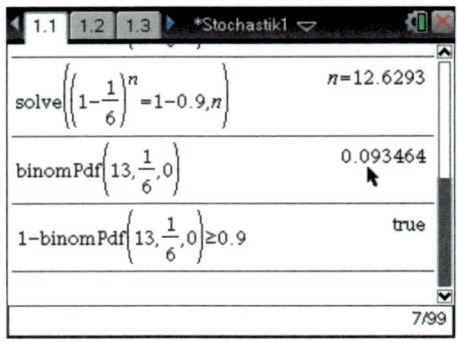

▶ **Beispiel: Darstellung der Binomialverteilung und Parametereinfluss**
Stellen Sie die Binomialverteilung mit den Parametern n = 5 und p = 0,5 graphisch dar.

Lösung:
In Spalte A wird die Folge der ganzen Zahlen von 0 bis n erzeugt: nz:=seq(i,i,0,5,1), in Spalte B wird $P(X = nz) = B(5, 0.5, nz)$ berechnet mit bin:=binompdf(5;0,5;nz). Dann lässt sich ein Ergebnisdiagramm erstellen mit der X-Liste nz und der Ergebnisliste bin und der Anzeigeoption Seite teilen. Setzt man verschiedene Werte für p in binompdf(5,p,nz) ein, ist der Einfluss von p zu erkennen.

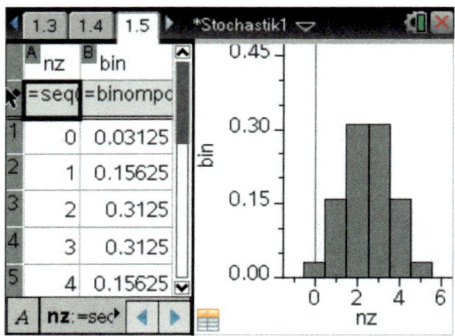

Ebenso kann man zu einem festen Wert von p verschiedene Werte von n in Spalte A einsetzen in nz:=seq(i,i,0,n,1) – dieser Wert von n muss dann auch in Spalte B übernommen werden – und so den Einfluss dieses Parameters veranschaulichen.

Einfacher noch wird es, wenn beim Diagramm mithilfe von menu Aktionen ein Schieberegler einfügt, dessen Variable mit p bezeichnet wird. Als Eigenschaften stellt man ein: Anfangswert 0,5, Minimum 0,1, Maximum 0,9, Schrittweite 0,1 vertikal, minimiert. Danach muss in Spalte B der Wert 0,5 durch diesen Parameter ersetzt werden. Anschließend kann man p manuell verändern oder animiert laufen lassen.

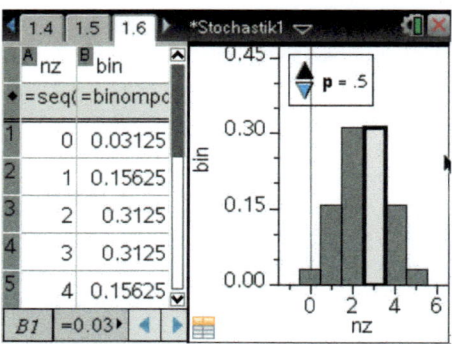

Übung 4

Erstellen Sie eine Tabellenkalkulation, die für verschiedene p und n die Binomialverteilung veranschaulicht, insbesondere für p = 0,2; 0,4; 0,9 jeweils für n = 10; 15; 18, und erläutern Sie daran den Einfluss der beiden Parameter auf die Eigenschaften der Binomialverteilung.

Überblick

Bernoulli-Versuch
Bernoulli-Experiment

Ein **Bernoulli-Versuch** (Bernoulli-Experiment) ist ein Zufallsversuch mit genau zwei Ausgängen E und $\overline{E}$.
E wird als Erfolg oder Treffer bezeichnet, $\overline{E}$ als Misserfolg oder Niete.

Bernoulli-Kette
der Länge n

Als **Bernoulli-Kette** der Länge n bezeichnet man die n-fache Wiederholung eines Bernoulli-Versuchs.

Formel von Bernoulli

Die **Formel von Bernoulli** dient zur Berechnung der Wahrscheinlichkeit, in einer Bernoulli-Kette der Länge n mit der Trefferwahrscheinlichkeit p genau k Treffer zu erzielen. Sie lautet:

$$P(X = k) = B(n; p; k) = \binom{n}{k} \cdot p^k \cdot (1 - p)^{n-k}$$

Binomialverteilung
$P(X = k) = B(n; p; k)$

Als **Binomialverteilung** $P(X = k) = B(n; p; k)$ bezeichnet man die Wahrscheinlichkeitsverteilung einer Zufallsgröße X, welche die Trefferzahl k in einer Bernoulli-Kette der Länge n mit der Trefferwahrscheinlichkeit p darstellt.

$$P(X = k) = B(n; p; k) = \binom{n}{k} \cdot p^k \cdot (1 - p)^{n-k}$$

Kumulierte
Binomialverteilung
$P(X \leq k) = F(n; p; k)$

Als **kumulierte Binomialverteilung** $P(X \leq k) = F(n; p; k)$ bezeichnet man die Summe der Wahrscheinlichkeiten der Trefferzahlen von 0 bis k in einer Bernoulli-Kette der Länge n mit der Trefferwahrscheinlichkeit p.

$$P(X \leq k) = F(n; p; k) = B(n; p; 0) + \ldots + B(n; p; k)$$

Berechnung von
Bernoulli-Wahr-
scheinlichkeiten

$$P(X = k) = B(n; p; k) = \binom{n}{k} \cdot p^k \cdot (1 - p)^{n-k}$$

$$P(X \leq k) = F(n; p; k) = B(n; p; 0) + \ldots + B(n; p; k)$$

$$P(X \geq k) = 1 - P(X \leq k - 1) = 1 - F(n; p; k - 1)$$

$$P(a \leq X \leq b) = P(X \leq b) - P(X \leq a - 1) = F(n; p; b) - F(n; p; a - 1)$$

Erwartungswert,
Varianz, Standard-
abweichung
binomialverteilter
Zufallsgrößen

Für den **Erwartungswert** μ, die **Varianz** V und die **Standardabweichung** σ einer binomialverteilten Zufallsgröße X gelten folgende Formeln:

Erwartungswert: $\quad\quad \mu = n \cdot p$

Varianz V: $\quad\quad\quad V = n \cdot p \cdot (1 - p)$

Standardabweichung: $\sigma = \sqrt{n \cdot p \cdot (1 - p)}$

Eigenschaften einer
Binomialverteilung

Für p = 0,5 gilt die Symmetriebeziehung B(n; 0,5; k) = B(n; 0,5; n − k).
Die allgemeine Symmetriebeziehung für 0 < p < 1 lautet:
B(n; p; k) = B(n; 1 − p; n − k).

Binomialverteilung

1. Glücksrad

Beim abgebildeten Glücksrad mit fünf gleich großen Sektoren wird nach dem Drehen im Stillstand durch einen Pfeil angezeigt, ob man einen Treffer (1) oder eine Niete (0) erzielt hat. Das Glücksrad wird zehnmal gedreht. Berechnen Sie die Wahrscheinlichkeiten folgender Ereignisse:

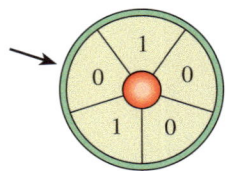

A: genau fünf Treffer   B: höchstens zwei Treffer
C: mehr Treffer als Nieten   D: erster Treffer im zehnten Versuch

2. Führerscheintest

Ein Führerschein-Test besteht aus 6 Fragen mit je 3 Antwortmöglichkeiten, von denen jeweils genau eine richtig ist. Eine Testperson beantwortet jede Frage auf gut Glück.
X sei die Zufallsgröße, die die Anzahl der richtig beantworteten Fragen beschreibt.
a) Stellen Sie die Wahrscheinlichkeitsverteilung tabellarisch und graphisch dar.
b) Berechnen Sie den Erwartungswert, die Standardabweichung und die Varianz der Verteilung.
c) Berechnen Sie, mit welcher Wahrscheinlichkeit ein Kandidat den Test besteht, wenn er auf gut Glück jeweils eine Antwort ankreuzt. Der Test gilt als bestanden, wenn mindestens 4 Fragen richtig beantwortet sind.

3. Münzwurfspiel

Ein Spieler rückt auf dem abgebildeten Spielfeld vom Startpunkt ausgehend nach rechts vor, wenn er mit einer Münze Kopf wirft. Wirft er Zahl, rückt er nach links vor. Nach vier Münzwürfen kommt er in einer der Positionen A bis E an, womit das Spiel endet.

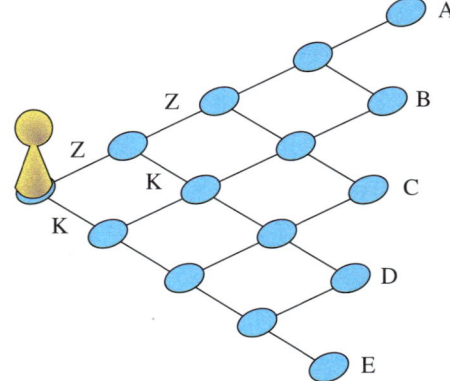

a) Geben Sie alle Wurfserien an, die zu Position A bzw. zu Position C führen.
b) Berechnen Sie die Wahrscheinlichkeiten der folgenden Ereignisse:
   E_1: „Der Spieler erreicht A."
   E_2: „Der Spieler erreicht C."
   E_3: „Der Spieler erreicht C oder D."
c) Ein Spieler führt 10 Spiele durch. Mit welcher Wahrscheinlichkeit erreicht er genau dreimal Position C?
d) Untersuchen Sie, wie viele Spiele der Spieler mindestens machen muss, wenn mit einer Wahrscheinlichkeit von mindestens 90% mindestens einmal Position A erreicht werden soll.

Lösungen: S. 84

II. Prognose- und Konfidenzintervalle

Die Standardabweichung σ gibt Auskunft über die Stärke der Streuung der Werte einer binomialverteilten Zufallsgröße um den Erwartungswert μ. Auf der Grundlage der Parameter μ und σ von Stichproben wird im Folgenden die Berechnung von Intervallen realisiert, die Voraussagen über Eigenschaften der Grundgesamtheit ermöglichen.

1. Prognoseintervalle

A. Die 1 σ-, 2 σ- und 3 σ-Umgebung des Erwartungswertes μ

Der Erwartungswert μ und die Standardabweichung σ sind wichtige Kenngrößen einer Binomialverteilung. Die Standardabweichung σ ist ein Maß dafür, wie stark die Werte einer Zufallsgröße X um den Erwartungswert μ streuen. Die genaue Bedeutung von σ erschließen wir nun.

> ▶ **Beispiel: Die 1 σ-Umgebung um den Erwartungswert**
> Eine Münze wird 50-mal geworfen. X sei die Anzahl der Kopfwürfe in dieser Serie.
> Bestimmen Sie die Wahrscheinlichkeit dafür, dass X einen Wert annimmt, der höchstens um
> die Standardabweichung σ vom Erwartungswert μ nach unten und oben abweicht.

Lösung:
Wir berechnen zunächst mit den bereits bekannten Formeln Erwartungswert μ und Standardabweichung σ von X.
Sie betragen μ = 25 und σ ≈ 3,54.

Erwartungswert/Standardabweichung:
$$\mu = n \cdot p = 50 \cdot 0{,}5 = 25$$
$$\sigma = \sqrt{n \cdot p \cdot (1-p)} = \sqrt{50 \cdot 0{,}5 \cdot (1-0{,}5)} \approx 3{,}54$$

Die Abweichungsgrenzen lauten daher:
μ − σ ≈ 21,46 und μ + σ ≈ 28,54.
Gesucht ist also die Wahrscheinlichkeit
P(21,46 ≤ X ≤ 28,54).
Da X ganzzahlig ist, ist diese Wahrscheinlichkeit gleich P(22 ≤ X ≤ 28).
Diese Intervallwahrscheinlichkeit kann mit der kumulierten Binomialverteilung F bestimmt werden (binomCdf(50,0.5,22,28).

Berechnung der 1 σ-Umgebung:
$$P(\mu - \sigma \leq X \leq \mu + \sigma)$$
$$= P(25 - 3{,}54 \leq X \leq 25 + 3{,}54)$$
$$= P(21{,}46 \leq X \leq 28{,}54)$$
$$= P(22 \leq X \leq 28)$$
$$= P(X \leq 28) - P(X \leq 21)$$
$$= F(50; 0{,}5; 28) - F(50; 0{,}5; 21)$$
$$\approx 0{,}8389 - 0{,}1611$$
$$= 0{,}6778 = 67{,}78\,\%$$

Die Rechnung rechts liefert als Resultat:
X liegt mit einer Wahrscheinlichkeit von ca. 68 % in der *1σ-Umgebung** [μ − σ; μ + σ] um den Erwartungswert μ.

Wir können dies auch am Verteilungsdiagramm (Histogramm) veranschaulichen:
Die sieben mittleren Säulen X = 22 bis X = 28 nehmen ca. 68 % der Fläche des Histogramms ein.

Verteilungsdiagramm/Histogramm:
$$\mu = n \cdot p = 50 \cdot 0{,}5 = 25$$

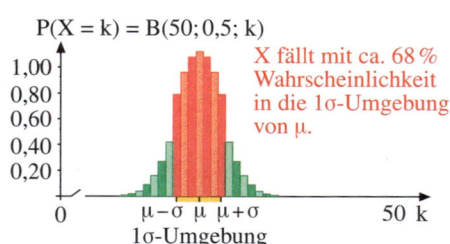

P(X = k) = B(50; 0,5; k)

X fällt mit ca. 68 % Wahrscheinlichkeit in die 1σ-Umgebung von μ.

1,00 0,80 0,60 0,40 0,20

0   μ−σ μ μ+σ   50 k
        1σ-Umgebung

Übung 1 1 σ-Umgebung beim Würfeln
X sei die Anzahl der Sechsen beim 100-maligen Werfen eines fairen Würfels. Bestimmen Sie die Wahrscheinlichkeit dafür, dass X in eine 1 σ-Umgebung des Erwartungswertes μ fällt. Vergleichen Sie mit dem Resultat aus dem obigen Münzwurf-Beispiel.

---

* Gelesen: Ein-Sigma-Umgebung

Wir bestimmen nun weitere Sigma-Umgebungen, da die Wahrscheinlichkeit der 1σ-Umgebung von 68% für viele Zwecke zu gering ist. Außerdem überprüfen wir, ob und wie die Wahrscheinlichkeit der Sigma-Umgebung von der Länge n der Bernoulli-Kette abhängt.

▶ **Beispiel: Berechnung weiterer Sigma-Umgebungen**

X sei die Anzahl der Kopfwürfe beim n-maligen Münzwurf.

a) Berechnen Sie die Wahrscheinlichkeit, dass X in eine σ-Umgebung des Erwartungswertes μ fällt, für n = 50, 80 und 100.

b) Lösen Sie die gleiche Aufgabenstellung auch für 2σ- und 3σ-Umgebungen.

c) Stellen Sie Ihre Ergebnisse in einer Tabelle zusammen.

d) Legen Sie eine entsprechende Tabelle auch für den Fall an, dass X die Anzahl der Sechsen beim n-maligen Würfelwurf ist.

Lösung zu a):

Da die Rechnungen wie im vorhergehenden Beispiel verlaufen, beschränken wir uns auf einen Fall, nämlich die 2σ-Umgebung für n = 100.

Der Erwartungswert ist nun $\mu = 50$, die Standardabweichung beträgt $\sigma = 5$.

Erwartungswert/Standardabweichung:

$\mu = n \cdot p = 100 \cdot 0{,}5 = 50$

$\sigma = \sqrt{n \cdot p \cdot (1 - p)} = \sqrt{100 \cdot 0{,}5 \cdot 0{,}5} = 5$

Die 2σ-Umgebung ist also das Intervall [40; 60]. Die nebenstehende Rechnung ergibt $P(40 \leq X \leq 60) \approx 96{,}48\%$.
In eine 2σ-Umgebung fällt also schon die große Masse der Treffer.
Für eine 3σ-Umgebung ergibt sich sogar eine Wahrscheinlichkeit von ca. 99,7%.

Berechnung des 2σ-Intervalls:

$P(\mu - 2\sigma \leq X \leq \mu + 2\sigma)$
$= P(50 - 10 \leq X \leq 50 + 10)$
$= P(40 \leq X \leq 60)$
$= \text{binomCdf}(100, 0.5, 40, 60)$
$= 0{,}9648 = 96{,}48\%$

CAS

Lösung zu b), c) und d):

Wir ersparen uns die Rechnungen und stellen gleich die fertigen Tabellen zusammen:

Münzwurf

n	$P(|X - \mu| \leq \sigma)$	$P(|X - \mu| \leq 2\sigma)$	$P(|X - \mu| \leq 3\sigma)$
50	67,78%	96,72%	99,74%
80	68,57%	94,33%	99,76%
100	72,87%	96,48%	99,82%

1000	67,8%	95,4%	99,7%

Würfelwurf

n	$P(|X - \mu| \leq \sigma)$	$P(|X - \mu| \leq 2\sigma)$	$P(|X - \mu| \leq 3\sigma)$
50	65,98%	94,54%	99,77%
80	70,79%	96,61%	99,74%
100	71,84%	95,70%	99,65%

1000	69,2%	95,4%	99,7%

Wir können etwas Interessantes erkennen: Die Wahrscheinlichkeit, dass eine binomialverteilte Zufallsgröße in eine 1σ-Umgebung des Erwartungswertes fällt, beträgt unabhängig von der Länge n der Bernoulli-Kette und unabhängig von der Trefferwahrscheinlichkeit p stets ca. 68%. Ähnliches gilt für 2σ-Umgebungen und 3σ-Umgebungen, bei denen die Wahrscheinlichkeiten ▶ ca. 95,5% bzw. 99,7% betragen.

Übung 2 Sigma-Umgebungen des Erwartungswertes

Das abgebildete Glücksrad wird 50-mal gedreht. Gewonnen hat man, wenn der Zeiger auf einer grünen Fläche zum Stehen kommt. Berechnen Sie die Wahrscheinlichkeit, dass die Trefferzahl X in eine 2 σ-Umgebung des Erwartungswertes μ fällt.

Wir fassen nun die ausgesprochen wichtigen Ergebnisse aus dem letzten Beispiel in einem Satz zusammen, den wir hier allerdings nicht formal beweisen können.

Diese sog. *Sigma-Regeln* (s. rechts) bilden die Grundlage aller stochastischen Schätzungen, die wir in den Folgeabschnitten vornehmen werden. Dabei werden wir hauptsächlich die für die meisten Anwendungen typische **2 σ-Regel** wählen.

Die Sigma-Regeln gelten mit guter Genauigkeit mit den angegebenen *Sicherheitswahrscheinlichkeiten*.

Eine wichtige Voraussetzung ist, dass die sog. *Laplace-Bedingung* erfüllt ist. Diese besagt, dass die Standardabweichung σ größer als 3 sein sollte.

Die Sigma-Regeln

X sei die Anzahl der Treffer in einer Bernoulli-Kette der Länge n mit der Trefferwahrscheinlichkeit p.
μ sei der Erwartungswert von X und σ die Standardabweichung von X.

Dann fallen die Werte von X zu etwa

68,3 % ins Intervall $[\mu - \quad \sigma, \mu + \quad \sigma]$,
95,5 % ins Intervall $[\mu - 2\sigma, \mu + 2\sigma]$,
99,7 % ins Intervall $[\mu - 3\sigma, \mu + 3\sigma]$.

Voraussetzung ist, dass die Laplace-Bedingung gilt:

$$\sigma = \sqrt{n \cdot p \cdot (1 - p)} > 3$$

Übung 3 Anwendung der σ-Regeln

a) Das Glücksrad aus Übung 2 wird 100-mal gedreht. Überprüfen Sie, ob die Laplace-Bedingung erfüllt ist. Verwenden Sie die Sigma-Regeln, um festzustellen, in welchem Bereich die Trefferzahl mit einer Sicherheitswahrscheinlichkeit von 95,5 % liegt.

b) Das Glücksrad aus Übung 2 wird nun 10-mal gedreht. Ist die Laplace-Bedingung noch erfüllt? Berechnen Sie mit der kumulierten Binominalverteilung die Wahrscheinlichkeit, dass die Trefferzahl in einer 1 σ-Umgebung des Erwartungswertes μ liegt. Kommentieren Sie das Resultat.

Übung 4 Die Laplace-Bedingung

a) Berechnen Sie, wie groß die Länge n einer Bernoulli-Kette mit der Trefferwahrscheinlichkeit p = 0,5 mindestens sein muss, damit die Laplace-Bedingung erfüllt ist.

b) Berechnen Sie die Mindestlänge n der Bernoulli-Kette mit der Trefferwahrscheinlichkeit p, damit die Laplace-Bedingung gerade noch erfüllt ist.

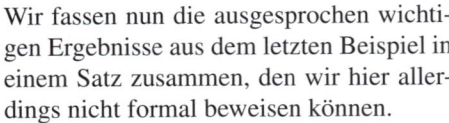

I: $p = \frac{1}{3}$ II: $p = \frac{1}{4}$ III: $p = \frac{1}{5}$ IV: $p = \frac{1}{6}$ V: $p = \frac{1}{8}$ VI: $p = \frac{1}{10}$

c) Welche Schlüsse kann man aus den Ergebnissen von b) ziehen?

Übung 5   **Überprüfung der 95,5%-Regel (2σ-Umgebung)**
Eine Münze wird n = 100-mal geworfen. X sei die Anzahl der Kopfwürfe. Berechnen Sie die Wahrscheinlichkeit, dass X in einer 2σ-Umgebung des Erwartungswertes μ liegt. Bestätigt das Ergebnis die 95,5%-Sigmaregel angenähert?

B. Prognoseintervalle (Schluss von der Gesamtheit auf die Stichprobe)

Ist die Trefferwahrscheinlichkeit p in einer Grundgesamtheit bekannt, so kann man mit Hilfe der Sigma-Regeln schnell und effizient die in einer hinreichend umfangreichen Stichprobe zu erwartende Trefferzahl X prognostizieren. Man gibt dazu eine Umgebung des Erwartungswertes μ von X an und damit die Wahrscheinlichkeit, mit der die Trefferzahl X in diese Umgebung des Erwartungswertes fallen wird. Die Umgebung wird als *Prognoseintervall* bezeichnet. Die Wahrscheinlichkeit ist die *Sicherheitswahrscheinlichkeit* dieses Intervalls.
Wird etwa eine Sicherheitswahrscheinlichkeit von mindestens 95% verlangt, so erfüllt diese Forderung die Anwendung der **2σ-Regel**, die eine Sicherheitswahrscheinlichkeit von 95,5% bietet, mit der die Trefferzahl X in das Prognoseintervall $[\mu - 2\sigma, \mu + 2\sigma]$ fällt.

I. Bestimmung von Prognoseintervallen

▶ **Beispiel: Prognoseintervall für Pflanzensamen**
Eine Großgärtnerei vertreibt Samen einer wertvollen Pflanzenart. Vom Gesamtvorrat kennt man die Keimfähigkeit von 15%. Ein Gärtner bestellt 500 Samen. Um kalkulieren zu können, möchte er vom Lieferanten eine Prognose, wie viele Samen keimen werden. Er verlangt, dass diese Prognose mit einer Sicherheit von mindestens 95,5% eintritt.

Lösung:
Die Wahrscheinlichkeit, dass ein einzelnes Samenkorn der Grundgesamtheit keimfähig ist, beträgt p = 0,15.
X sei die Anzahl der keimfähigen unter den 500 Samen der Lieferung, die in diesem Fall die Stichprobe darstellt.
Wir verwenden die 2σ-Umgebung des Erwartungswertes, da deren Sicherheitswahrscheinlichkeit den geforderten 95,5% entspricht. Die Rechnungen zeigen, dass die Großgärtnerei ein Prognoseintervall von 59 bis 91 keimfähigen Samen angeben kann.
▶ (Rundung nach außen!*)

1. Berechnung von μ und σ:
$\mu = n \cdot p = 500 \cdot 0,15 = 75$
$\sigma = \sqrt{n \cdot p \cdot (1 - p)} = \sqrt{500 \cdot 0,15 \cdot 0,85} \approx 7,98$

2. Grenzen der 2σ-Umgebung:
$\mu - 2\sigma \approx 75 - 2 \cdot 7,98 \approx 59,04$
$\mu + 2\sigma \approx 75 + 2 \cdot 7,98 \approx 90,96$
$\Rightarrow 59,04 \leq X \leq 90,96$
$\Rightarrow 59 \leq X \leq 91$ (Rundung nach außen!)

3. Prognoseintervall:
Mit einer Sicherheit von 95,5% sind zwischen 59 und 91 der 500 Samen keimfähig.

Übung 6   **Prognoseintervall beim Ziehen aus einer Urne**
In einer Urne liegen 50 rote und 30 blaue Kugeln. Aus der Urne wird 60-mal mit Zurücklegen gezogen. X sei die Anzahl der dabei gezogenen blauen Kugeln. Bestimmen Sie ein Prognoseintervall, in welchem der beobachtete Wert von X mit einer Wahrscheinlichkeit von 95,5% liegt.

---

* Bei Prognoseintervallen für ganzzahlige Trefferzahlen X wird nach außen gerundet, um die Sicherheitswahrscheinlichkeit einzuhalten. Im Beispiel gilt: $P(60 \leq X \leq 90) \approx 0,948 < 0,955$, aber $P(59 \leq X \leq 91) \approx 0,962 > 0,955$.

II. Kalkulation mit Hilfe von Prognoseintervallen

Mit Prognoseintervallen kann man wirtschaftliche Kalkulationsabschätzungen mit gegebenen Sicherheitswahrscheinlichkeiten durchführen und so Kaufentscheidungen rationaler treffen.

▶ **Beispiel: Gewinnkalkulation**

Eine Baumschule bietet exotische Bäume an, die von Großgärtnereien gekauft werden. 90 % der Bäume entwickeln sich nach dem Kauf im Verlauf von fünf Jahren gut und werden dann vom Gärtner mit einem Gewinn von 500 € an den Endkunden verkauft. Die restlichen Bäume verkümmern und verursachen 1 000 € Verlust pro Baum. Ein Großgärtner will 2000 Bäume kaufen. Vorher möchte er seinen Mindestgewinn kalkulieren. Er hätte gerne eine Aussagesicherheit von 95,5 %.
Verwenden Sie für die Kalkulation ein Prognoseintervall.

Lösung:
Nach der Einführung der benötigten Bezeichnungen berechnen wir zunächst Mittelwert μ und Standardabweichung σ von X. Die Laplace-Bedingung σ > 3 ist erfüllt.

Wir bestimmen dann ein Prognoseintervall mit hoher Sicherheit, nämlich das 2 σ-Intervall mit 95,5 %iger Sicherheit.

Wir erhalten als Prognoseintervall das Intervall $1773 \leq X \leq 1827$ (Rechnung rechts).

Nun kommen wir zur Kalkulation. Wir gehen vom ungünstigsten Fall aus. Das sind nur 1773 aussichtsreiche Bäume in der Lieferung und 227 zum Verkümmern neigende Bäume.

Die Bilanzierung rechts ergibt einen Mindestgewinn von 659 500 €, der mit einer großen Wahrscheinlichkeit von 95,5 % eintreten wird. Das Geschäft erscheint also ▶ vielversprechend.

1. Bezeichnungen:
X: Anzahl der Bäume in der Lieferung
n = 2000: Umfang der Lieferung
p = 0,90: Wahrscheinlichkeit, dass ein Baum
         sich gut entwickelt

2. Berechnung von μ und σ:
$\mu = n \cdot p = 2000 \cdot 0,9 = 1800$
$\sigma = \sqrt{n \cdot p \cdot (1 - p)} = \sqrt{2000 \cdot 0,9 \cdot 0,1} \approx 13,42$

3. Grenzen der 2 σ-Umgebung:
$\mu - 2\sigma = 1800 - 2 \cdot 13,42 \approx 1773,18$
$\mu + 2\sigma = 1800 + 2 \cdot 13,42 \approx 1826,82$
$\Rightarrow 1773,18 \leq X \leq 1826,82$
$\Rightarrow 1773 \leq X \leq 1827$ (Rundung nach außen)

4. Kalkulation des Gewinns:
Ungünstigster Fall: X = 1773
Gewinn: $1773 \cdot 500 = 886\,500$
Verlust: $227 \cdot 1000 = 227\,000$
Bilanz: 659 500 €

Übung 7   Kalkulation einer Losbude

Ein Losbudenbesitzer hat einen großen Vorrat an Losen. Jedes zehnte Los ist ein Gewinnlos. Die restlichen Lose sind Nieten. Zwei Lose kosten 1 €. Wird ein Gewinnlos gezogen, so wird ein Gewinn mit einem durchschnittlichen Wert von 2 € ausgegeben. Die Standmiete kostet täglich 200 € und das Personal kostet 600 € pro Tag.
An einem Sonntag sollen laut Plan 8 000 Lose verkauft werden. Prognostizieren Sie den Mindestgewinn des Losbudenbesitzers an diesem Tag auf einem Sicherheitsniveau von 95,5 %.

Übungen

8. Prognoseintervalle

Bestimmen Sie ein Prognoseintervall für die absolute Trefferzahl X in der Stichprobe. Beachten Sie hierbei, dass bei der Rundung auf *ganzzahlige* Intervallgrenzen stets nach außen gerundet wird.

a) Ein Würfel wird 120-mal geworfen. X sei die Anzahl der Würfe, bei denen eine Eins oder eine Sechs fällt. Die Sicherheitswahrscheinlichkeit soll 95,5 % betragen.

b) Eine Lieferung von 200 000 Schrauben soll eine Ausschusswahrscheinlichkeit von maximal 4 % aufweisen. Der Lieferung wird zur Überprüfung eine Stichprobe von 300 Schrauben entnommen. Bestimmen Sie ein Prognoseintervall für die Anzahl der ausschüssigen Schrauben in der Stichprobe. Die Sicherheitswahrscheinlichkeit soll 95,5 % betragen.

9. Tulpenzwiebeln

Tulpenzwiebeln der Sorte Morgenstern lassen sich zu 80 % erfolgreich anpflanzen.

a) Eine Gärtnerei bezieht 10 000 Tulpenzwiebeln. Wie viele Tulpen stehen mit einer Sicherheitswahrscheinlichkeit von 95,5 % zum Verkauf zur Verfügung?

b) An Privatkunden werden die Zwiebeln in Packungen zu 100 Stück abgegeben. Welche Mindestgarantie kann auf einer Sicherheitswahrscheinlichkeit von 95,5 % gegeben werden?

c) Überprüfen Sie, ob es sinnvoll ist, für Baumarkt-Packungen mit 10 Zwiebeln ein Prognoseintervall auf einer Sicherheitswahrscheinlichkeit von 95,5 % abzugeben.

10. Meinungsumfrage

Bei einer Meinungsumfrage zur Beliebtheit von Politikern wird eine repräsentative Stichprobe der Bevölkerung befragt. Aus Erfahrung ist bekannt, dass nur ca. 65 % der Befragten antworten. Es werden 3 000 Personen angeschrieben.

a) Schätzen Sie die Zahl der antwortenden Personen auf einer Sicherheitswahrscheinlichkeit von 68,3 %.

b) Nehmen Sie nun eine Schätzung auf einer Sicherheitswahrscheinlichkeit von 95,5 % vor.

c) Der Politiker, der die Umfrage in Auftrag gibt, möchte unbedingt vermeiden, dass bei der Umfrage weniger Personen antworten als angenommen. Welche der beiden Sicherheitswahrscheinlichkeiten aus a) bzw. b) sollte er wählen?

11. Kaufentscheidung

Ein Großbauer möchte 300 Jungschweine kaufen, um sie aufzuziehen und später zu verkaufen. Sein Lieferant gibt an, dass im Durchschnitt 80 % der Jungschweine komplikationslos aufwachsen und verkauft werden können, während 20 % im Laufe der Aufzucht durch diverse Erkrankungen Zusatzkosten verursachen. An einem Tier verdient der Bauer 80 Euro. Bei einem komplikativen Schwein fallen allerdings Zusatzkosten von 40 € für ärztliche Behandlungen an. Außerdem kommt es wegen des Mindergewichts zu einem Preisabschlag von 45 €. Der Bauer geht in seiner Gesamtkalkulation von einem Gesamtgewinn in Höhe von 20 000 € aus.

a) Untersuchen Sie mit Hilfe eine Prognoseintervalls auf einer Sicherheitswahrscheinlichkeit von 68,3 %, ob er richtig kalkuliert hat.

b) Lösen Sie die Aufgabenstellung aus a) mit einer Sicherheitswahrscheinlichkeit von 95,5 %. Diskutieren Sie die Ergebnisse aus a) und b) im Vergleich.

C. $\frac{\sigma}{n}$-Umgebungen der Trefferwahrscheinlichkeit p

Im vorigen Abschnitt wurden absolute Häufigkeiten geschätzt. Es wurden Abweichungen der absoluten Trefferzahl X in einer Bernoulli-Kette der Länge n vom Erwartungswert μ untersucht. Wir werden uns nun mit dem Schätzen von relativen Häufigkeiten befassen. Es geht um Abweichungen der relativen Trefferhäufigkeit $\frac{X}{n}$ von einer bekannten Trefferwahrscheinlichkeit p.

Die Äquivalenzbetrachtung rechts zeigt, dass die relative Trefferhäufigkeit $\frac{X}{n}$ genau dann in einer $\frac{\sigma}{n}$-Umgebung der Trefferwahrscheinlichkeit p liegt, wenn die absolute Trefferzahl X in einer σ-Umgebung des Erwartungswertes μ liegt.

X liegt in einer σ-Umgebung von μ
$$\Leftrightarrow \mu - \sigma \le X \le \mu + \sigma$$
$$\Leftrightarrow n \cdot p - \sigma \le X \le n \cdot p + \sigma$$
$$\Leftrightarrow p - \frac{\sigma}{n} \le \frac{X}{n} \le p + \frac{\sigma}{n}$$
$\frac{X}{n}$ liegt in einer $\frac{\sigma}{n}$-Umgebung von p

Daher können die σ-Umgebungen des Erwartungswertes μ aus dem vorigen Abschnitt direkt in Regeln für $\frac{\sigma}{n}$-Umgebungen der relativen Trefferwahrscheinlichkeit p transformiert werden. Diese können wie schon dort für 68,3%-, 95,5%- und 99,7%-Sicherheitswahrscheinlichkeiten und auch für 90%-, 95%- und 99%-Sicherheitswahrscheinlichkeiten aufgestellt werden.

Die Wahrscheinlichkeiten von $\frac{\sigma}{n}$-Umgebungen von p

X sei die Anzahl der Treffer in einer Bernoulli-Kette der Länge n mit der Trefferwahrscheinlichkeit p. σ sei die Standardabweichung von X. Es gelte die Laplace-Bedingung $\sigma = \sqrt{n \cdot p \cdot (1 - p)} > 3$.

Dann fallen die Werte der relativen Trefferhäufigkeit $\frac{X}{n}$ zu etwa

68,3% ins Intervall $\left[p - 1 \cdot \frac{\sigma}{n}, p + 1 \cdot \frac{\sigma}{n}\right]$,   90% ins das Intervall $\left[p - 1,64 \cdot \frac{\sigma}{n}, p + 1,64 \cdot \frac{\sigma}{n}\right]$,

95,5% ins Intervall $\left[p - 2 \cdot \frac{\sigma}{n}, p + 2 \cdot \frac{\sigma}{n}\right]$,   95% ins das Intervall $\left[p - 1,96 \cdot \frac{\sigma}{n}, p + 1,96 \cdot \frac{\sigma}{n}\right]$,

99,7% ins Intervall $\left[p - 3 \cdot \frac{\sigma}{n}, p + 3 \cdot \frac{\sigma}{n}\right]$.   99% ins das Intervall $\left[p - 2,58 \cdot \frac{\sigma}{n}, p + 2,58 \cdot \frac{\sigma}{n}\right]$.

Im Folgenden wird weiterhin meist das 95,5%-Intervall verwendet.

▶ **Beispiel: Prognoseintervall für die relative Trefferhäufigkeit**
Eine Münze wird 1 000-mal geworfen. Bestimmen Sie ein Prognoseintervall um die Trefferwahrscheinlichkeit p = 0,5, in das die relative Trefferhäufigkeit für Kopf mit einer Sicherheitswahrscheinlichkeit von 95,5% fallen wird.

Lösung:
Wir verwenden die $2\frac{\sigma}{n}$-Umgebung mit der Sicherheitswahrscheinlichkeit 95,5%. Es gilt p = 0,5 und σ ≈ 15,8 > 3.
Damit ergibt sich als Prognoseintervall:

$0,4684 \le \frac{X}{n} \le 0,5316$.

Die relative Häufigkeit von Kopf liegt mit 95,5%iger Wahrscheinlichkeit zwischen
▶ 46,8% und 53,2%.

Standardabweichung σ:
$$\sigma = \sqrt{n \cdot p \cdot (1 - p)} = \sqrt{1\,000 \cdot 0,5 \cdot 0,5} \approx 15,8 > 3$$

Intervallgrenzen:
$$p - 2\frac{\sigma}{n} \approx 0,5 - 2 \cdot \frac{15,8}{1\,000} = 0,4684$$

$$p + 2\frac{\sigma}{n} \approx 0,5 + 2 \cdot \frac{15,8}{1\,000} = 0,5316$$

> **Beispiel:** Zwei Würfel besitzen jeweils 10 Flächen, welche die Zahlen 1 bis 10 tragen. Die Würfel werden gleichzeitig geworfen. Man gewinnt, wenn die Augensumme größer als 17 ist.
> a) Geben Sie eine Schätzung für die relative Gewinnhäufigkeit nach 2000 Spielen (Sicherheitswahrscheinlichkeit: 99,7%) an.
> b) Wie viele Spiele sind erforderlich, wenn bei gleicher Sicherheitswahrscheinlichkeit die relative Gewinnhäufigkeit von der theoretischen Gewinnwahrscheinlichkeit p höchstens um 0,01 abweichen soll?

Lösung zu a:

Wir berechnen zunächst die Gewinnwahrscheinlichkeit p nach Laplace, indem wir jeden Ausgang als Zahlenpaar darstellen. Wir erhalten p = 0,06.

Möglicher Ergebnisse sind die 100 Augenzahlpaare $(1; 1), (1; 2), \ldots, (10; 10)$. Zum Gewinn führen 6 Paare $(8; 10), (9; 9), (9; 10), (10; 8), (10; 9), (10; 10)$.

X sei die Anzahl der Gewinne bei n = 2000 Spielen.
X hat die Standardabweichung $\sigma \approx 10{,}62$.

X = Anzahl der Gewinnspiele bei 2000 Spielen
$\sigma = \sigma(X) = \sqrt{2000 \cdot 0{,}06 \cdot 0{,}94} \approx 10{,}62$

Die relative Häufigkeit für die Anzahl der Gewinnspiele bei n = 2000 Spielen liegt mit einer Wahrscheinlichkeit von 99,7% in einer $3\frac{\sigma}{n}$-Umgebung der Gewinnwahrscheinlichkeit p, also in dem Intervall [0,044; 0,076].

$3\frac{\sigma}{n} \approx \frac{31{,}86}{2000} = 0{,}0159$

$\left[p - 3\frac{\sigma}{n}; p + 3\frac{\sigma}{n} \right]$

$\approx [0{,}06 - 0{,}0159; 0{,}06 + 0{,}159]$

$\approx [0{,}044; 0{,}076]$

Lösung zu b:

Wir verwenden wiederum eine $3\frac{\sigma}{n}$-Umgebung der Gewinnwahrscheinlichkeit p = 0,06. Nur müssen wir diesmal dafür sorgen, dass $3\frac{\sigma}{n} \le 0{,}01$ gilt.
> Dies ist für n ≥ 5076 der Fall.

$3\frac{\sigma}{n} \le 0{,}01$

$3\frac{\sqrt{n \cdot 0{,}06 \cdot 0{,}94}}{n} \le 0{,}01$

$\frac{0{,}5076 \cdot n}{n^2} \le 0{,}0001$

$n \ge 5076$

> **Beispiel:** Bei der maschinellen Fertigung von einfachen Gummidichtungen beträgt die auch vom Auftraggeber tolerierte Ausschussquote 10%. In bestimmten Abständen werden der Produktion Stichproben vom Umfang n = 1000 entnommen. Bestimmen Sie mit einer Sicherheitswahrscheinlichkeit von ca. 95%, in welchem Bereich der Ausschussanteil in der Stichprobe variieren kann, ohne dass ein Grund zur Beunruhigung vorliegt.

Lösung:

Die Zufallsgröße „X = Anzahl der Ausschussstücke in der Stichprobe" hat die Standardabweichung $\sigma \approx 9{,}5$. Mit einer Wahrscheinlichkeit von rund 95,5% findet man in der Stichprobe einen Anteil ausschüssiger Dichtungen zwischen $0{,}1 - 2\frac{\sigma}{n} \approx 0{,}081$ und $0{,}1 + 2\frac{\sigma}{n} \approx 0{,}119$, also etwa zwischen 8,1% und 11,9%. Ausschussanteile innerhalb dieses Bereiches können daher toleriert
> werden.

Übungen

12. In der Endkontrolle eines Motorenherstellers waren von 8350 Motoren einer Wochenproduktion 7348 in Ordnung, bei den übrigen war zusätzliche Einstellarbeit notwendig. Eine Aufschüsselung nach Wochentagen ergab folgendes Bild:

Tag	Mo	Di	Mi	Do	Fr
Anzahl	1800	1640	1880	1720	1310
ohne Beanstandung	1556	1440	1645	1513	1194

Untersuchen Sie, ob es auf 95,5 % Sicherheitsniveau an einigen Wochentagen signifikante Abweichungen der relativen Häufigkeiten der einwandfreien Motoren gab.

13. a) Nach einer Meinungsumfrage unter n = 1450 Personen kann die Partei DMP mit 5,5 % der Stimmen rechnen. Ist der Einzug ins Parlament mit einer Sicherheitswahrscheinlichkeit von wenigstens 68 % gewährleistet?

    b) Bei welchem Stichprobenumfang n (bei sonst gleichen Voraussetzungen) könnte mit einer Sicherheitswahrscheinlichkeit von 95,5 % mit einem Einzug ins Parlament gerechnet werden?

14. Die Aussagekraft der Ergebnisse statistischer Untersuchungen hängt vom Stichprobenumfang ab. Das zu untersuchende Merkmal besitze die Eintrittswahrscheinlichkeit p $(0 \le p \le 1)$. X sei die Anzahl der Treffer in der Stichprobe vom Umfang n. Wie groß muss n gewählt werden, damit $P\left(\left|\frac{X}{n} - p\right| < 0,01\right) > 0,997$ gilt? Beantworten Sie die Frage für

a) p = 0,2,   b) p = 0,5,   c) p = 0,95.

15. Eine Maschine produziert seit längerer Zeit mit einem Ausschussanteil von 9 %. Zur Kontrolle werden wöchentlich in einer Stichprobe n = 250 Teile entnommen. Der prozentuale Ausschussanteil p_1 in der Stichprobe wird festgestellt. Welche Abweichungen von p lassen sich mit einer Sicherheitswahrscheinlichkeit von 68 % als rein zufällig erklären?

16. 38 % aller Erwerbstätigen besitzen mindestens eine Kunden- oder Kreditkarte. Eine Befragung ergibt:

Gruppe	Anzahl der Befragten	Anzahl der Karteninhaber
Flugreisende	413	193
Hotelgäste	39	23
Discobesucher	105	35

Gibt es in den einzelnen Gruppen Abweichungen vom 38 %-Anteil, deren Wahrscheinlichkeit geringer als 0,3 % beträgt, d. h. hochsignifikante Abweichungen?

17. Der Hersteller beliefert seine Kunden mit Kartons, in denen jeweils 400 Teile aus einer Produktion abgepackt sind. Welche Garantie kann er geben, wenn er mit 5 % Ausschuss produziert und Reklamationen wegen zu vieler unbrauchbarer Teile praktisch ausschließen möchte (99,7 % Sicherheitswahrscheinlichkeit)?

18. Gutverdiener

20 % der deutschen Haushalte haben ein monatliches Einkommen von mehr als 100 000 €. Der Bürgermeister einer Stadt erwägt, seine 13 500 Haushalte befragen zu lassen, ob sie zu diesen Vielverdienern gehören. Da ihm der Aufwand aber dann doch zu hoch erscheint, beschließt er, die relative Häufigkeit h_n der Haushalte mit hohem Einkommen in seiner Stadt nur schätzen zu lassen, und zwar auf einem Sicherheitsniveau von 95,5 %.

a) Wie groß ist h_n laut Schätzung mindestens?

b) Beurteilen Sie, ob dieses Vorgehen statistisch völlig korrekt (Stichprobenerzeugung) ist.

19. Wahlen

Der Präsident des Fußballclubs hat bei der letzten Wahl einen Stimmenanteil von 55 % erhalten. Einige Zeit später will er ein Meinungsbild gewinnen, wie gut seine Aussichten bei der nächsten Wahl sind. Da er nicht alle 10 000 Mitglieder befragen kann, plant er eine Probeabstimmung vom Umfang n = 300. Schätzen Sie den Stimmenanteil, den der Präsident bei der Probeabstimmung erwarten kann, wenn ihm ein Sicherheitsniveau von 95,5 % vorschwebt und sich die Verhältnisse in der Mitgliedschaft nicht verändert haben.

20. Hexenbesen

Bei der Fertigung von Hexenbesen beträgt die vom Besenmeister angegebene Ausschussquote im Durchschnitt 15 %.

Eine Hexenschule hat 500 neue Schüler aufgenommen, die Besen benötigen. Die Schule hat 600 neue Besen bestellt. Ist die Versorgung der Schüler auf einem Sicherheitsniveau von 95,5 % gewährleistet? Arbeiten Sie mit einem Prognoseintervall und überprüfen sie die Laplace-Bedingung.

21. Doppelter Oktaederwurf

Zwei Oktaederwürfel mit den Augenzahlen 1 bis 8 werden gleichzeitig geworfen. Man gewinnt, wenn die Augensumme größer als 13 ist.

a) Geben Sie die Ergebnismenge Ω an.

b) Welche Teilmenge G von Ω steht für das Ereignis Gewinn?

c) Geben Sie die Gewinnwahrscheinlichkeit p an.

d) Es wird geplant, das Spiel auf einem Turnier 2000-mal zu spielen. Ermitteln Sie ein Prognoseintervall für die relative Gewinnhäufigkeit in dieser Serie.
Die Sicherheitswahrscheinlichkeit des Intervalls soll 95,5 % betragen.

e) Wird das Prognoseintervall größer oder kleiner, wenn nur 500 Spiele durchgeführt werden? Begründen Sie Ihre Antwort plausibel oder führen Sie eine Rechnung durch.

f) Welches ist die kleinste noch akzeptable Zahl an Spielen? Hinweis: Laplace-Bedingung

D. Statistische Verträglichkeit und signifikante Abweichung

Wird in einer Stichprobe eine relative Häufigkeit beobachtet, die nicht im 95 %-Prognoseintervall einer bekannten oder als bekannt angenommenen Wahrscheinlichkeit liegt, dann wird die Abweichung als *signifikant* bezeichnet. Eine *hochsignifikante Abweichung* liegt vor, wenn die relative Häufigkeit sogar außerhalb des 99 %-Prognoseintervalls liegt. Liegt die relative Häufigkeit des beobachten Merkmals im 95 %-Prognoseintervall, dann wird die Wahrscheinlichkeit als *(statistisch) verträglich* mit der relativen Häufigkeit bezeichnet. Eine signifikante oder hochsignifikante Abweichung gibt Anlass, den Wert für p in Zweifel zu ziehen.

> **Beispiel:** Eine Münze wird 1000-mal geworfen, dabei erscheint 538-mal Wappen. Beurteilen Sie, ob dieses Stichprobenergebnis eine signifikante oder hochsignifikante Abweichung von der angenommenen Wahrscheinlichkeit p = 0,5 darstellt.

Lösung:

Man bestimmt zunächst die relative Häufigkeit $h = \frac{538}{1000} = 0{,}538$ für Wappen und dann das 95 %-Prognoseintervall für n = 1000 und p = 0,5.

Liegt h in diesem Intervall, dann ist p verträglich mit h, andernfalls liegt eine signifikante Abweichung vor.

Liegt h im 99 %-Prognoseintervall so ist p verträglich mit h, andernfalls liegt eine hochsignifikante Abweichung vor.

n = 1000; p = 0,5; h = 0,538
95 %-Prognoseintervall:
h = 0,538 ∉ [0,469; 0,531], eine signifikante Abweichung liegt vor.
99 %-Prognoseintervall:
h = 0,538 ∈ [0,459; 0,541], also:
Es ist zwar eine signifikante, aber keine hochsignifikante Abweichung zu verzeichnen.

Übung 22

Der Buchstabe e kommt in deutschsprachigen Texten mit einer Wahrscheinlichkeit von 17,4 % vor. (Die Umlaute ä, ö und ü werden wie ae, oe und ue gezählt, ß als eigenständiges Zeichen.) Ermitteln Sie die relative Häufigkeit des Buchstaben e im nebenstehenden Zitat von Johann Wolfgang von Goethe und prüfen Sie, ob das Ergebnis signifikant von p = 0,174 abweicht.

Welche Regierung die beste sei? Diejenige, die uns lehrt, uns selbst zu regieren. *

Übung 23

Im nebenstehenden Diagramm sind für die Wahrscheinlichkeiten p von 0; 0,1; 0,2; …; 1 die zugehörigen 95 %-Prognoseintervalle der relativen Häufigkeiten grafisch dargestellt. (n = 100)

a) Lesen Sie aus dem Diagramm näherungsweise das Prognoseintervall zu p = 0, 5 ab.

b) Entscheiden Sie anhand der grafischen Darstellung, ob die relative Häufigkeit h = 0,3 signifikant von p = 0,2 abweicht.

c) Lesen Sie aus dem Diagramm ein Intervall für die Wahrscheinlichkeiten ab, die mit h = 0,5 verträglich sind.

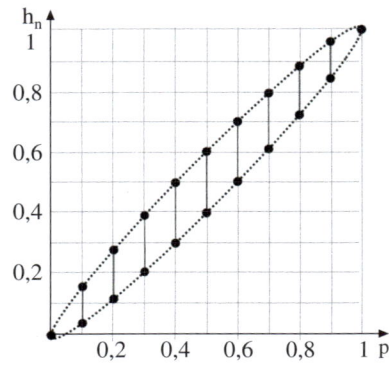

---

* Goethe, Maximen und Reflexionen. Aphorismen und Aufzeichnungen. Nach den Handschriften des Goethe- und Schiller-Archivs hg. von Max Hecker, Verlag der Goethe-Gesellschaft, Weimar 1907. Aus Kunst und Altertum, 5. Bandes 3. Heft, 1826

E. Das $\frac{1}{\sqrt{n}}$-Gesetz

Wir ermitteln die Breite des 95,5%-Prognose-
intervalls, indem wir die die Differenz $d_p(n)$
der beiden Intervallgrenzen g_o und g_u bilden.
Die Differenz $d_p(n)$ kann folgendermaßen interpretiert werden:

$$g_u = p - 2 \cdot \frac{\sigma}{n} = p - 2 \cdot \frac{\sqrt{p \cdot (1-p)}}{\sqrt{n}}$$

$$g_o = p + 2 \cdot \frac{\sigma}{n} = p + 2 \cdot \frac{\sqrt{p \cdot (1-p)}}{\sqrt{n}}$$

$$d_p(n) = g_o - g_u = 4 \cdot \frac{\sqrt{p \cdot (1-p)}}{\sqrt{n}}$$

> Für ein und denselben Wert von p ist die Länge des Prognoseintervalls proportional zu $\frac{1}{\sqrt{n}}$.
> Je größer der Stichprobenumfang n (bei festem p) ist, desto kleiner ist das Prognoseintervall.

Dieser Zusammenhang wird *Eins durch Wurzel n Gesetz* genannt.

Eine griffige Interpretation dieses Gesetzes ist: „Willst du die Länge des Prognoseintervalls halbieren, musst du den Stichprobenumfang vervierfachen.“

Veranschaulichung des $\frac{1}{\sqrt{n}}$-Gesetzes für p = 0,5

Die farbigen Punkte sind die Bilder von je 20 Zah-
lenpaaren $\left(n; \frac{B(n;0,5)}{n}\right)$. Die Zahlen B(n;0,5) sind
mit der Software generierte binomialverteilte Zu-
fallszahlen, sodass $\frac{B(n;0,5)}{n}$ als Simulation einer relativen Häufigkeit aufgefasst werden kann.

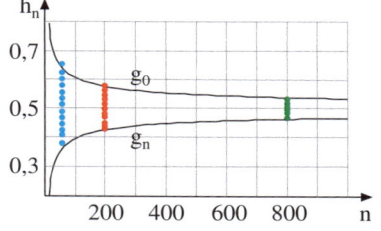

Zufallsbedingt können Punkte auch übereinander liegen. Die blauen Punkte stehen für n = 50, die
roten Punkte für n = 200 und die grüne Punkte für n = 800. Man sieht sehr gut die Halbierung der
Länge des Prognoseintervalls bei Vervierfachung des Stichprobenumfangs.

Übung 24

Betrachtet wird das Ereignis A: „Bei n Würfen mit einem 2×2-Baustein liegen die
Noppen oben.“ Die Ergebnisse legen als Punktschätzung p = 0,20 nahe.

a) Übernehmen Sie die Tabelle in Ihr Heft und vervollstän-
digen Sie sie durch Berechnen der zu n gehörenden Grenzen g_u und g_o sowie der Differenzen $d_{0,20}(n)$ der 95,5%-
Prognoseintervalle unter der Annahme P(A) = 0, 20.
b) Stellen Sie die Prognoseintervalle zusammen mit den „ein-
hüllenden“ Funktionsgraphen grafisch dar. Orientieren Sie
sich an der darüber stehenden Grafik.

n	30	120	480
h(A)	0,35	0,24	0,20
g_u			
g_o			
$d_{0,20}(n)$			

Übung 25

Weisen Sie nach: Wenn man in $g_u = p - 2 \cdot \frac{\sqrt{p \cdot (1-p)}}{\sqrt{n}}$ bzw. $g_o = p + 2 \cdot \frac{\sqrt{p \cdot (1-p)}}{\sqrt{n}}$ die Wahrscheinlichkeit p durch p = 0,5 abschätzt, dann erhält man mit $g_u = p - \frac{1}{\sqrt{n}}$ bzw. $g_o = p + \frac{1}{\sqrt{n}}$ Näherungs-
werte für die Grenzen des 95,5%-Prognoseintervalls.[1]
Verwenden Sie diese Abschätzung zur Lösung der folgenden Aufgabe:
Eine Münze wird 400-mal geworfen. Dabei wurde 220-mal „Wappen“ erzielt. Ist es berechtigt,
daran zu zweifeln, dass die Münze eine „faire“ Münze ist?

---

[1]*Hinweis:* Verwenden Sie, dass f(x) = x · (1 − x) für x = 0,5 ein lokales Maximum besitzt.

2. Konfidenzintervalle

Bei den voranstehenden Betrachtungen war stets die Wahrscheinlichkeit p des beobachteten Merkmals in der Gesamtheit bekannt. Ein 95,5%-Prognoseintervall ergab sich als $2 \cdot \frac{\sigma}{n}$-Umgebung von p. Dabei heißt die Wahrscheinlichkeit p (statistisch) verträglich mit einer relativen Häufigkeit $h_n = \frac{X}{n}$ des Merkmals in einer Stichprobe vom Umfang n, wenn h_n in dem 95,5%-Prognoseintervall von p liegt (vgl. Seite 54, insbesondere Übung 23).

Bei den folgenden Betrachtungen ist die Wahrscheinlichkeit p unbekannt und eine in einer Stichprobe beobachtete relative Häufigkeit h_n dient als Schätzwert für p. Die Güte des Schätzwertes wird durch „Vertrauensintervalle" – sog. *Konfidenzintervalle* – bestimmt. **Zum Konfidenzintervall gehören alle die Wahrscheinlichkeiten p, die mit der beobachteten relativen Häufigkeit h_n (bei einer vorgegebenen Sicherheitswahrscheinlichkeit) statistisch verträglich sind.**

A. Bestimmung von Konfidenzintervallen

> **Beispiel:** Von einem Würfel ist nicht bekannt, ob er gefälscht ist. Die Wahrscheinlichkeit für das Fallen der Sechs soll mit einer Sicherheitswahrscheinlichkeit von 95,5% abgeschätzt werden. Dazu wird der Würfel 5000-mal geworfen, wobei genau 800-mal die Sechs fällt. Beurteilen Sie das Resultat in Bezug auf die Möglichkeit der Fälschung des Würfels.

Lösung:
Die Testwürfe ergeben eine Bernoulli-Kette der Länge n = 5000.

Im 1. Abschnitt dieses Kapitels (Seite 50) wurden zu der Sicherheitswahrscheinlichkeit 95,5% Abweichungen zwischen der in einer Stichprobe zu erwartenden relativen Häufigkeit und der bekannten Wahrscheinlichkeit p abgeschätzt:

Es galt $\left|\frac{X}{n} - p\right| \le 2\frac{\sigma}{n}$.

Nun ist die Situation entsprechend: Mit einer Sicherheit von 95,5% soll die Abweichung zwischen der bekannten relativen Häufigkeit – sie beträgt in unserer Stichprobe $\frac{X}{n} = \frac{800}{5000} = 0,16$ – und einer jetzt unbekannten Wahrscheinlichkeit p abgeschätzt werden.

Wieder gilt $\left|\frac{X}{n} - p\right| \le 2\frac{\sigma}{n}$,

mit anderen Worten, es ist zu erwarten, dass p in einer $2\frac{\sigma}{n}$-Umgebung der relativen Häufigkeit $\frac{X}{n} = 0,16$ liegt.

Ein solches Schätzintervall für p nennt man **Konfidenzintervall für p zur Sicherheitswahrscheinlichkeit 0,955**.

Bezeichnungen:
n: Länge der Bernoulli-Kette
X: Anzahl der Sechsen in der Stichprobe
h_n: relative Häufigkeit der Sechs
p: unbekannte Wahrscheinlichkeit für Sechs

$2\frac{\sigma}{n}$-Umgebung von p: **p ist bekannt**

Für $h_n = \frac{X}{n}$ wird ein Konfidenzintervall gesucht. Das Intervall, in dem h_n mit 95,5% Sicherheit liegt, lautet:

$\frac{X}{n} \in \left[p - 2\frac{\sigma}{n}; p + 2\frac{\sigma}{n}\right]$.

Konfidenzintervall: **$h_n = \frac{X}{n}$ ist bekannt**

Für die unbekannte Wahrscheinlichkeit p wird ein Konfidenzintervall gesucht.
Das Intervall, in dem p mit 95,5% Wahrscheinlichkeit liegt, lautet:

$p \in \left[\frac{X}{n} - 2\frac{\sigma}{n}; \frac{X}{n} + 2\frac{\sigma}{n}\right]$.

Aus der Ungleichung

$$|0,16 - p| \leq 2\frac{\sigma}{n} = 2 \cdot \frac{\sqrt{5000 \cdot p \cdot (1-p)}}{5000}$$

erhalten wir durch Quadrieren eine quadratische Ungleichung für p, deren Randwerte wir mit Hilfe der p-q-Formel bestimmen können. Ab dem nächsten Beispiel nutzen wir CAS.

Wir erhalten mit nebenstehender Rechnung das Intervall [0,1499; 0,1706] als Vertrauensintervall für p mit 95,5% Sicherheit. Da die Wahrscheinlichkeit $\frac{1}{6}$ für Sechs eines Laplace-Würfels im Konfidenzintervall für p liegt, kann die Annahme, dass der untersuchte Würfel echt ist, nicht abgelehnt werden.

Berechnung der Intervallgrenzen:

$$\left|\frac{X}{n} - p\right| \leq 2\frac{\sigma}{n}$$

$$|0,16 - p| \leq 2 \cdot \frac{\sqrt{5000 \cdot p \cdot (1-p)}}{5000}$$

$$(0,16 - p)^2 \leq 4 \cdot \frac{p \cdot (1-p)}{5000}$$

$$128 - 1600\,p + 5000\,p^2 \leq 4\,p - 4\,p^2$$

$$p^2 - \frac{1604}{5004}p + \frac{128}{5004} \leq 0$$

Randwerte der Ungleichung:

$p_1 \approx 0,1499$, $p_2 \approx 0,1706$

Konfidenzintervall für p:

$0,1499 \leq p \leq 0,1706$

> **Beispiel:** Der Prozentsatz p der Fernsehzuschauer, die eine beliebte Show regelmäßig sehen, soll mit einer Sicherheitswahrscheinlichkeit von 95,5% abgeschätzt werden. Zu diesem Zweck wird eine Stichprobe von 1200 Zuschauern befragt. 840 Befragte sehen die Show regelmäßig.

Lösung:

In Anbetracht der riesigen Zahl von Zuschauern kann die Entnahme der Stichprobe als Bernoulli-Kette der Länge n = 1200 gedeutet werden.

Wegen der geforderten Sicherheitswahrscheinlichkeit von 95,5% verwenden wir eine $2\frac{\sigma}{n}$-Umgebung von p.

Die Stichprobe liefert die relative Trefferhäufigkeit $h_n = \frac{X}{n} = \frac{840}{1200} = 0,7$.

Mit einer Wahrscheinlichkeit von 95,5% gilt: $\left|\frac{X}{n} - p\right| \leq 2\frac{\sigma}{n}$,

d.h. $|0,7 - p| \leq 2 \cdot \frac{\sqrt{1200 \cdot p \cdot (1-p)}}{1200}$.

$$\leq \frac{2 \cdot \sqrt{p \cdot (1-p)}}{\sqrt{1200}}$$

Mit einer dem vorhergehenden Beispiel entsprechenden Rechnung erhalten wir mit Hilfe des CAS das Intervall [0,673; 0,726] als Konfidenzintervall für p.

Ergebnis:

Mit einer Sicherheitswahrscheinlichkeit von 95,5% liegt der Prozentsatz der Zuschauer, welche die Show regelmäßig sehen, zwischen 67,3% und 72,6%.

Intervallgrenzen:

CAS

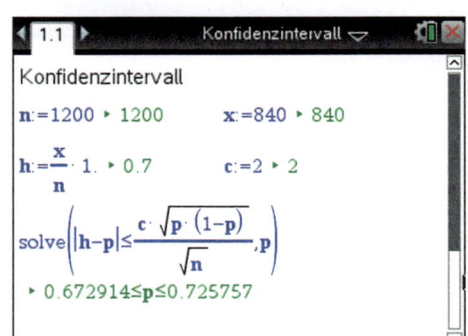

Randwerte der Ungleichung:

$p_1 \approx 0,673$, $p_2 \approx 0,726$

Konfidenzintervall für p:

$0,673 \leq p \leq 0,726$

Übung 1

Von einem Würfel sei nicht bekannt, ob er gefälscht ist. Zur Probe wird er 8000-mal geworfen, wobei 1700-mal die Sechs fällt. Bestimmen Sie ein 95,5%-Konfidenzintervall für die Wahrscheinlichkeit der Sechs.

Übung 2

Eine Münze wird 3500-mal geworfen, wobei 1710-mal „Kopf" erscheint. Entscheiden Sie mit einer Sicherheitswahrscheinlichkeit von 95,5%, ob die Münze echt ist.

Übung 3

Der Marktanteil p eines Waschmittels soll festgestellt werden. Von 500 zufällig ausgewählten Haushalten verwenden 168 Haushalte das Waschmittel.
Bestimmen Sie ein 95,5%-Konfidenzintervall für p.

▶ **Beispiel:** Eine Meinungsumfrage unter 1800 Personen dient der Untersuchung der Beliebtheit von lokalen Radiosendern. Als ihren bevorzugten Sender bezeichnen 720 Personen Sender 1 und 756 Personen Sender 2.
Daraufhin nimmt Sender 2 für sich den Titel des beliebtesten Senders im Stadtgebiet in Anspruch. Prüfen Sie diesen Anspruch auf einer Sicherheitswahrscheinlichkeit von 0,955.

Lösung:
Auf den ersten Blick erscheint der Anspruch von Sender 2 völlig plausibel zu sein. Sicherer allerdings ist es, für jede der Wahrscheinlichkeiten p_1 und p_2, dass Sender 1 bzw. Sender 2 der beliebteste Sender ist, ein 95,5%-Konfidenzintervall zu berechnen. Wir gehen dabei technisch wie in dem vorhergehenden Beispiel vor.

Sender 1	Sender 2

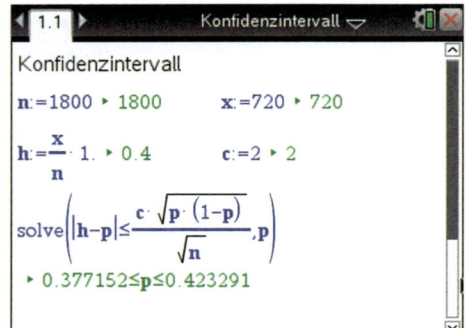

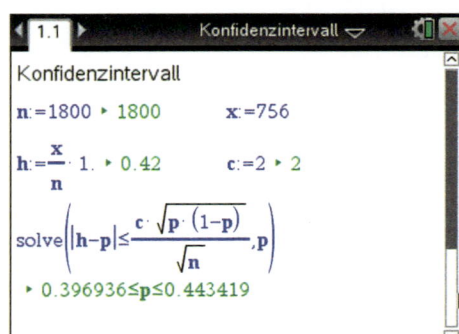

Resultat: $0{,}377 \le p_1 \le 0{,}423$

Resultat: $0{,}397 \le p_2 \le 0{,}443$

p_1 liegt mit einer Wahrscheinlichkeit von ca. 95,5% im Intervall [0,377; 0,423].

p_2 liegt mit einer Wahrscheinlichkeit von ca. 95,5% im Intervall [0,397; 0,443].

Die beiden Konfidenzintervalle überschneiden sich. Dies bedeutet, dass sich der Anspruch von Sender 2 mit der hohen Sicherheitswahrscheinlichkeit von 0,955 nicht aufrechterhalten lässt.

B. Ein Näherungsverfahren zur Bestimmung von Konfidenzintervallen

Die rechnerische Bestimmung eines Konfidenzintervalls für eine unbekannte Wahrscheinlichkeit p ohne CAS ist wesentlich einfacher, wenn man mit einer Näherungslösung zufrieden ist.

▶ **Beispiel:** Bei einer Befragung von 2400 Personen geben 1080 Personen an, regelmäßige Leser einer bekannten Illustrierten zu sein. Mit welchem Marktanteil kann der Verlag rechnen, wenn eine Sicherheitswahrscheinlichkeit von 95,5 % zu Grunde gelegt wird?

Näherungslösung:

In Zeile 2 der nebenstehenden exakten Lösung ersetzen wir unter der Wurzel p durch die ermittelte relative Häufigkeit $h_n = \frac{X}{n} = 0{,}45$:

$$\left|\frac{X}{n} - p\right| \le 2\frac{\sigma}{n}$$

$$|0{,}45 - p| \le 2 \cdot \frac{\sqrt{2400 \cdot h_n \cdot (1 - h_n)}}{2400}$$

$$|0{,}45 - p| \le 2 \cdot \frac{\sqrt{2400 \cdot 0{,}45 \cdot 0{,}55}}{2400}$$

$$|0{,}45 - p| \le 2 \cdot \frac{\sqrt{0{,}45 \cdot 0{,}55}}{\sqrt{2400}}$$

$$|0{,}45 - p| \le 0{,}0203$$

Konfidenzintervall für p (Näherung):
$0{,}4297 \le p \le 0{,}4703$

Exakte Lösung der Ungleichung:

$$\left|\frac{X}{n} - p\right| \le 2\frac{\sigma}{n}$$

$$|0{,}45 - p| \le 2 \cdot \frac{\sqrt{2400 \cdot p \cdot (1 - p)}}{2400}$$

$$|0{,}45 - p| \le 2 \cdot \frac{\sqrt{p \cdot (1 - p)}}{\sqrt{2400}}$$

$$601\,p^2 - 541\,p + 121{,}5 \le 0$$

$$p^2 - \frac{541}{601}p + \frac{121{,}5}{601} \le 0$$

Randwerte der Ungleichung:
$p_1 \approx 0{,}4298, \; p_2 \approx 0{,}4704$

Konfidenzintervall für p (exakt):
$0{,}4298 \le p \le 0{,}4704$

▶ Das Näherungsverfahren liefert fast das gleiche Konfidenzintervall wie die exakte Lösung.

Wir untersuchen nun, unter welchen Bedingungen die Anwendung des Näherungsverfahrens erlaubt und sinnvoll ist.
Beim Näherungsverfahren wird im Prinzip nur der Term $f(p) = \sqrt{p \cdot (1 - p)}$ abgeändert. Da der Graph dieses Terms zwischen $p = 0{,}3$ und $p = 0{,}7$ sehr flach verläuft, führt das Ersetzen des Arguments p durch einen (auch schwächeren) Näherungswert $h_n \in [0{,}3; 0{,}7]$ zu einem praktisch vernachlässigbar kleinen Unterschied zwischen den Werten $f(h_n)$ und $f(p)$.

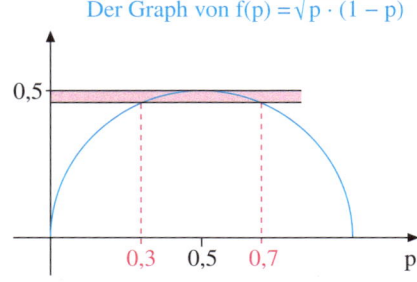

Der Graph von $f(p) = \sqrt{p \cdot (1 - p)}$

Man kann also folgende **Faustregel** formulieren: Liegt die relative Trefferhäufigkeit $h_n = \frac{X}{n}$ in einer Stichprobe vom Umfang n zwischen 0,3 und 0,7, so kann das Näherungsverfahren zur Bestimmung eines Konfidenzintervalls für die unbekannte Trefferwahrscheinlichkeit p in der Regel ohne Bedenken angewandt werden.

Übung 4

Vor einer Wahl möchte ein hoffnungsvoller Kandidat seine Wahlchancen testen. Von 2500 befragten Personen wollen 1400 für ihn stimmen. Kann er mit einer Sicherheitswahrscheinlichkeit von 0,997 mit der absoluten Stimmenmehrheit rechnen?
Bestimmen Sie das Konfidenzintervall für seinen Stimmenanteil p
a) mit exakter Rechnung,
b) näherungsweise.

Abschließend betrachten wir eine interessante Anwendung und Variation des Arbeitens mit Konfidenzintervallen, deren praktische Bedeutung offensichtlich ist.

> **Beispiel:** Steinböcke gehören zu den gefährdeten Wildarten. Um den Bestand in einer bestimmten Alpenregion abschätzen zu können, wurden dort 180 Tiere eingefangen, mit einer Markierung versehen und wieder freigelassen. Nach einiger Zeit wurden 150 Tiere in freier Wildbahn beobachtet. 30 Tiere waren markiert.
> Geben Sie ein 95,5%-Konfidenzintervall für den unbekannten Tierbestand N an.

Lösung:

X sei die Anzahl der markierten Tiere unter den n = 150 beobachteten Tieren und p die Wahrscheinlichkeit, dass ein beobachtetes Tier markiert ist.

X = Anzahl der markierten Tiere unter den n = 150 beobachteten Tieren
p = Wahrscheinlichkeit, dass ein beobachtetes Tier markiert ist

Konfidenzintervall für p:

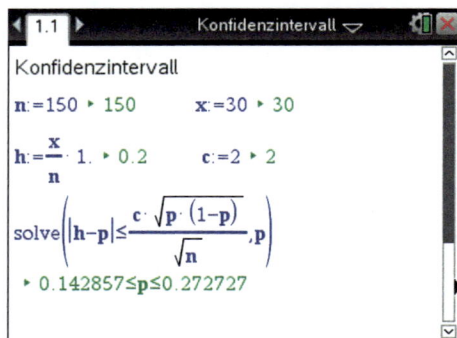

Die relative Häufigkeit für das Auftreten einer Markierung in der Gruppe der beobachteten Tiere beträgt 0,2.

Damit erhalten wir für die Markierungswahrscheinlichkeit p das 95,5%-Konfidenzintervall $0{,}1428 \leq p \leq 0{,}2727$.

Da der Erwartungswert $\mu = N \cdot p$ der Anzahl der markierten Tiere im Gesamtbestand N von vornherein bekannt ist, nämlich gleich 180, gilt die Formel:

$N = \frac{180}{p}$.

Setzen wir hier die Randwerte für p ein, so erhalten wir ein 95,5%-Konfidenzintervall für N.
Der Bestand an Steinböcken liegt mit einer Wahrscheinlichkeit von 95,5% zwischen
> N = 660 und N = 1260 Tieren.

Konfidenzintervall für N:

$$\mu = N \cdot p, 180 = N \cdot p, N = \frac{180}{p}$$

$$\frac{180}{0{,}2727} \leq N \leq \frac{180}{0{,}1428}$$

$$660 \leq N \leq 1260$$

Übungen

5. Zur Abschätzung, welche unmittelbaren Auswirkungen aktuelle politische Ereignisse auf das Ansehen der politischen Parteien haben, stellen Meinungsforscher die sogenannte „Sonntagsfrage":

> Wenn am nächsten Sonntag Wahl wäre, welcher Partei würden Sie Ihre Stimme geben?

Der Vergleich des Umfrageergebnisses mit den letzten Wahlergebnissen zeigt die aktuellen Veränderungen. Es werden 3650 Personen befragt.
a) 1533 der Befragten entscheiden sich für Partei A. Ist die Abweichung vom letzten Wahlergebnis (44,1 %) hochsignifikant (Sicherheitswahrscheinlichkeit 99,7 %)?
b) 219 Personen stimmen für Partei B. Kann sich die Partei sicher sein, dass ihr momentanes Wählerpotential noch über 5 % liegt (Sicherheitswahrscheinlichkeit 0,997)?
c) Für Partei C votieren 1679 Personen. Kann sich die Partei sicher sein, dass sie momentan in der Wählergunst vor den anderen Parteien liegt (Näherungslösung, Sicherheitswahrscheinlichkeit 95,5 %)?

6. Der Erfolg einer Werbekampagne wird getestet. Das Ergebnis einer Umfrage soll darüber entscheiden, ob eine Zusatzprämie gezahlt wird (Sicherheitswahrscheinlichkeit 0,955).
a) Der Vertrag sieht vor, dass die Prämie gezahlt wird, wenn „garantiert" über 70 % der Bevölkerung das Produkt kennen. 1780 von 2500 Befragten kannten das Produkt.
b) Die Prämie wird gezahlt, wenn möglicherweise 70 % der Bevölkerung das Produkt kennen. Muss die Prämie bei diesen Bedingungen gezahlt werden, wenn nur 1644 von 2400 Befragten das Produkt kennen?

7. Der Hersteller garantiert seinen Kunden, dass höchstens 10 % seiner Artikel Mängel aufweisen. Bei einer vom Kunden durchgeführten Stichprobe zeigen tatsächlich nur 8 % der Ware Mängel. Kann der Kunde bei 95,5 % Sicherheitswahrscheinlichkeit davon ausgehen, dass die Behauptung des Herstellers zutrifft, wenn der Umfang der Stichprobe
a) n = 50,   b) n = 200,   c) n = 2000   betrug?

8. Durch Geldmangel in der Gemeindekasse muss die ursprüngliche Planung für ein kombiniertes Hallen-/Freibad abgeändert werden.

> **Meinungsumfrage**
>
> Ich bin dafür, dass ein
>
> **Freibad** ☐
> **Hallenbad** ☐
> gebaut wird!

Auf 2236 von 4416 abgegebenen Stimmzetteln ist die Option Freibad angekreuzt. Kann sich der Gemeinderat (bei 68 % Sicherheitswahrscheinlichkeit) sicher sein, dass die Mehrheit der Bevölkerung ein Freibad wünscht?
Lösen Sie diese Aufgabe sowohl exakt als auch mit Hilfe des Näherungsverfahrens.

9. Der Anglerverein „Petri Heil" möchte den Fischbestand schätzen. Es werden 600 markierte Forellen ausgesetzt. Beim Wettangeln werden 98 markierte und 252 unmarkierte Fische gefangen. Schätzen Sie den Gesamtbestand mit einer Sicherheitswahrscheinlichkeit von 95,5 %.

C. Durchmesser eines Konfidenzintervalls und Stichprobenumfang

Ein kleines Konfidenzintervall bietet eine genauere Abschätzung der Trefferwahrscheinlichkeit p als ein großes Konfidenzintervall. Was kann man tun, um ein Konfidenzintervall zu verkleinern, ohne die Sicherheitswahrscheinlichkeit des Intervalls zu verändern? Man hat nur eine Chance, nämlich die Vergrößerung des Stichprobenumfangs n. Wir untersuchen nun, wie sich eine solche Vergrößerung auf den Durchmesser des Konfidenzintervalls auswirkt.

▶ **Beispiel: Halbierung eines Konfidenzintervalls**
Ein Meinungsforschungsinstitut hat in einer Umfrage unter n = 500 Studenten festgestellt, dass 300 von ihnen mit dem Fahrrad zur Hochschule kommen. Daraus hat man errechnet, dass der Anteil p aller deutschen Studenten, die mit dem Rad kommen, mit 95,5%iger Sicherheit zwischen 55,6% und 64,3% liegt.
a) Bestätigen Sie das Konfidenzintervall des Instituts durch eine eigene Rechnung.
b) Um welchen Faktor muss der Umfang n der Stichprobe erhöht werden, um das Konfidenzintervall zu halbieren? Die Sicherheitswahrscheinlichkeit von 95,5% soll bleiben.

Lösung zu a:
Wir bestimmen zum Stichprobenumfang n = 500 und zu X = 300 das 95,5%-Konfidenzintervalls, wählen also c = 2, und erhalten $p_1 \approx 0{,}5556$, $p_2 \approx 0{,}6429$. Das Institutsergebnis wird also bestätigt.
Durchmesser des Konfidenzintervalls:
$d = p_2 - p_1 \approx 0{,}6429 - 0{,}5556 = 0{,}0873$.

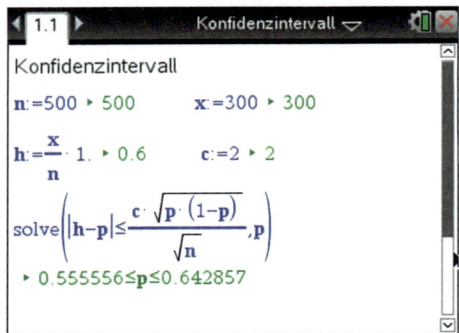

Lösung zu b:
Auf Seite 55 haben wir das $\frac{1}{\sqrt{n}}$-Gesetz für 95,5%-Prognoseintervalle entwickelt. Es gilt analog für 95,5%-Konfidenzintervalle:

$d = 4 \cdot \frac{\sqrt{p \cdot (1-p)}}{\sqrt{n}}$, also: $\boxed{d \sim \frac{1}{\sqrt{n}}}$

Da n unter der Quadratwurzel im Nenner steht, muss n sich vervierfachen, um den Durchmesser zu halbieren.
Die nebenstehende Kontrolle mit n = 2000 und X = 1200 bei gleichem c = 2 ergibt:
$d \approx 0{,}6217 - 0{,}5779 = 0{,}0438$.

> Vervierfacht (verneunfacht …) man den Stichprobenumfang n, so halbiert (drittelt …) sich bei gleicher Sicherheitswahrscheinlichkeit der Durchmesser d des Konfidenzintervalls.

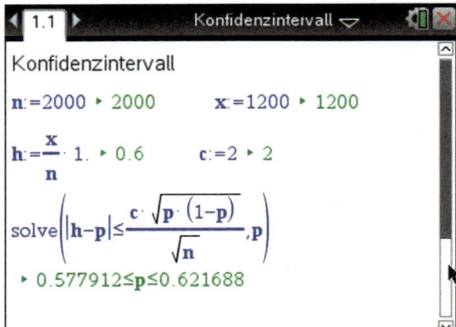

Übung 10 Durchmesser des Intervalls
Berechnen Sie ein 95,5%-Konfidenzintervall für p bei einer Stichprobe vom Umfang n = 1800 mit X = 900 Treffern. Wie verändert sich der Durchmesser des Konfidenzintervalls, wenn n = 200 und X = 100 gilt?

D. Mindestgröße einer Stichprobe bei vorgegebenem Intervalldurchmesser

Je größer der Umfang n einer Stichprobe ist, umso kleiner wird der Durchmesser d des Konfidenzintervalls und umso genauer ist die Schätzung des Anteils p. Mit dem folgenden Satz lässt sich schon *vor Entnahme der Stichprobe* abschätzen, wie groß n mindestens sein muss, damit der Durchmesser eines Konfidenzintervalls eine vorgegebene Größe ε nicht übersteigt.

Satz II.1: Mindestgröße einer Stichprobe bei vorgegebenem Intervalldurchmesser
Betrachtet wird ein Konfidenzintervall für eine unbekannte Wahrscheinlichkeit p, dessen Sicherheitswahrscheinlichkeit durch seinen c-Wert vorgegeben ist.
(c = 1: 68,3%; c = 2: 95,5%; c = 3: 99,7%; c = 1,64: 90%; c = 1,96: 95%; c = 2,58: 99%)
Gilt dann die rechts in rot aufgeführte Ungleichung, so hat das
Konfidenzintervall höchstens den Durchmesser d = ε.
Die Schätzung von p durch die Intervallmitte ist dann auf $\pm \frac{\varepsilon}{2}$ genau. $n \geq \frac{c^2}{\varepsilon^2}$

Beweis:
Ein Konfidenzintervall hat den Durchmesser

$$d = 2c \cdot \sqrt{\frac{p \cdot (1-p)}{n}}.$$

Da der Term $p \cdot (1-p)$ stets kleiner oder gleich 0,25 ist, wie die Zeichnung rechts zeigt, gilt die Abschätzung $d \leq 2c \cdot \sqrt{\frac{0,25}{n}}$ oder in quadrierter Form $d^2 \leq \frac{c^2}{n}$.
Ist nun $n \geq \frac{c^2}{\varepsilon^2}$, so gilt $d^2 \leq \varepsilon^2$ bzw. $d \leq \varepsilon$.

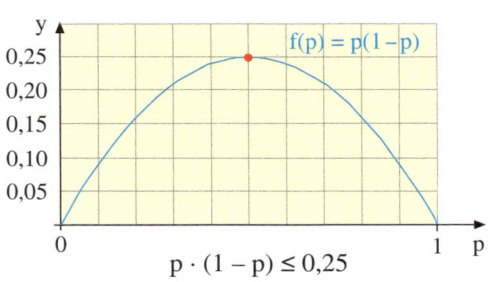

$p \cdot (1-p) \leq 0,25$

▶ **Beispiel: Teetrinker**
Der unbekannte Anteil p von Teetrinkern in der Bevölkerung soll durch ein Konfidenzintervall mit einer Sicherheitswahrscheinlichkeit von 95,5% geschätzt werden.
Wie groß muss der Stichprobenumfang n gewählt werden, damit der Durchmesser des Konfidenzintervalls höchstens 0,05 beträgt? Wie groß ist dann der maximale Fehler von p?

Lösung:
Das 95,5%-Intervall hat den c-Wert c = 2. Der Durchmesser des Konfidenzintervalls soll maximal ε = 0,05 betragen.
Die Formel $n \geq \frac{c^2}{\varepsilon^2}$ aus dem obigen Satz liefert damit n ≥ 1600 als Minimalumfang der Stichprobe. p weicht dann von der Inter-
▶ vallmitte maximal um $\pm \frac{\varepsilon}{2} = \pm 0,025$ ab.

Berechnung der Stichprobenumfangs:
$n \geq \frac{c^2}{\varepsilon^2} \geq \frac{2^2}{0,05^2} \approx 1600$
$\Rightarrow n \geq 1600$

Übung 11 Blond
Wie groß muss eine Zufallsstichprobe gewählt werden, um den unbekannten Anteil p von hellblonden Menschen in der Bevölkerung mit einer Sicherheitswahrscheinlichkeit von 95,5% auf ± 5% genau zu schätzen. Wie groß muss die Stichprobe bei einer Genauigkeit von ± 1% sein?

E. Konfidenzdiagramm/Konfidenzellipse

Ein *Konfidenzdiagramm* bzw. eine *Konfidenzellipse* erhält man, wenn man die Kurven $h_1(p) = p - c \cdot \sqrt{\frac{p \cdot (1-p)}{n}}$ und $h_2(p) = p + c \cdot \sqrt{\frac{p \cdot (1-p)}{n}}$ in ein Koordinatensystem einzeichnet.

Rechts ist das Konfidenzdiagramm für den Stichprobenumfang n = 50 und das Sicherheitsniveau c = 1,64 (90%). dargestellt. Es gestattet uns, zu jeder in der Stichprobe registrierten relativen Häufigkeit h das zugehörige Konfidenzintervall (blau) abzulesen. Seine Grenzen p_1 und p_2 sind nämlich gerade die x-Koordinaten der Schnittpunkte der unteren Randkurve h_1 und der oberen Randkurve h_2 der Ellipse mit der horizontalen Geraden y = h. Das blaue Intervall enthält alle Werte von p, die mit h = 0,4 statistisch verträglich sind.

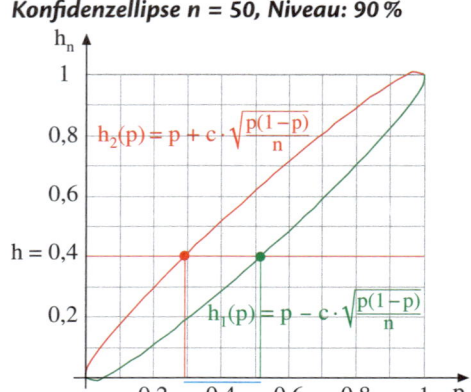

Konfidenzellipse n = 50, Niveau: 90%

> **Beispiel: Anwendung der Konfidenzellipse**
> Lesen Sie aus dem obigen Konfidenzdiagramm für einen Stichprobenumfang von n = 50 und eine Sicherheitswahrscheinlichkeit von 90% die Konfidenzintervalle für die unbekannte Wahrscheinlichkeit p ab, wenn in der Stichprobe eine relative Häufigkeit von 40% bzw. von 70% beobachtet wurde.

Lösung:
Wir zeichnen die horizontalen Geraden h = 0,40 bzw. h = 0,70 ein und lesen deren Schnittstellen p_1 und p_2 mit den Randkurven der Ellipse ab. Auf diese Weise erhalten wir die beiden Konfidenzintervalle $0,29 \leq p \leq 0,52$ bzw. $0,59 \leq p \leq 0,79$. Eine rechnerische Überprüfung (Näherungsverfahren) zeigt, dass die Genauigkeit dieser Ergebnisse ganz ordentlich ist.

Ablesen der Grenzen aus dem Diagramm:
h = 0,40: $p_1 = 0,29$, $p_2 = 0,52$
h = 0,70: $p_1 = 0,59$, $p_2 = 0,79$

Vergleichende Berechnung:
h = 0,40: $0,2864 \leq p \leq 0,5136$
h = 0,70: $0,5937 \leq p \leq 0,8063$

Übung 12 Konfidenzintervall beim Würfelwurf
Bei einem 50-fachen Würfelwurf wird die Sechs 8-mal erzielt. Bestimmen Sie ein Konfidenzintervall für p (Wahrscheinlichkeit für eine Sechs) auf einem Konfidenzniveau von 90%.
Verwenden Sie das Konfidenzdiagramm oben rechts auf dieser Seite. Kontrollieren Sie das Resultat durch die zusätzliche rechnerische Bestimmung des Konfidenzintervalls.

Übung 13 Zeichnen einer Konfidenzellipse
Zeichnen Sie die Konfidenzellipse für einen Stichprobenumfang von n = 100 bei einem Sicherheitsniveau von 95,5%. Berechnen Sie dazu $h_1 = p - 2 \cdot \sqrt{\frac{p \cdot (1-p)}{n}}$ und $h_2 = p + 2 \cdot \sqrt{\frac{p \cdot (1-p)}{n}}$ für p = 0,1, p = 0,3, p = 0,5, p = 0,7 und p = 0,9.

Übungen

14. Radfahrer (Stichprobenumfang)

Der unbekannte Anteil p von Radfahrern in der Bevölkerung soll durch ein Konfidenzintervall mit einer Sicherheitswahrscheinlichkeit von 95,5 % geschätzt werden.

a) Wie groß muss der Stichprobenumfang n gewählt werden, damit der Durchmesser des Konfidenzintervalls höchsten 0,10 beträgt? Wie groß ist dann der maximale Fehler von p?

b) Wie groß ist der Durchmesser des Intervalls bei einem Stichprobenumfang von n = 100?

15. Knabengeburten (Stichprobenumfang)

Der unbekannte Anteil p der Knabengeburten an allen Geburten des Landes soll mit einem Konfidenzintervall geschätzt werden, dessen Konfidenzniveau 95,5 % beträgt.

a) In einer Zufallsstichprobe der im letzten Jahr geborenen Kinder des Landes vom Umfang n = 200 finden sich 103 Knabengeburten. Welches Konfidenzintervall für p ergibt sich daraus? Wie groß ist der Fehler (in Prozent) maximal?

b) Wie groß muss der Umfang n der Stichprobe mindestens sein, damit der maximale Fehler 0,25 % nicht überschreitet? Vergleichen Sie mit der Zahl aller Geburten im Land: 113 298.

16. Longcors Würfelserie (Konfidenzniveau, Stichprobenumfang)

Willard H. Longcor aus Waukegan in Illinois untersuchte in den 1960-er Jahren, ob normale Würfel (die Augenzahlen sind aufgebohrt) oder Präzisionswürfel (die Augenzahlen sind nur aufgedruckt) fair sind. Dazu warf er einen Präzisionswürfel 2 000 000-mal und erhielt für das Ereignis „Gerade Augenzahl" eine relative Häufigkeit von 50,045 %. Den normalen Würfel warf er 1 160 000-mal und erzielte dabei eine relative Häufigkeit von 50,725 %.

a) Bestimmen Sie für beide Würfel jeweils ein Konfidenzintervall auf dem 90 %-Niveau.

b) Bestimmen Sie für beide Würfel jeweils ein Konfidenzintervall auf dem 99 %-Niveau.

c) Sind die 99 %-Konfidenzintervalle der beiden Würfel jeweils verträglich mit der Aussage, dass der verwendete Würfel fair ist?

d) Wie groß war bei Loncors Schätzung aus a) für den Präzisionswürfel der Fehler maximal? Wie oft hätte Longcor den Würfel werfen müssen, wenn der maximale Fehler höchstens 1 Promille hätte sein dürfen?

17. Konfidenzintervall beim Münzwurf (Konfidenzellipse)

Bei einem 40-fachen Münzwurf fällt 22-mal Kopf. Auf einem Konfidenzniveau von 99 % soll die Wahrscheinlichkeit für Kopf abgeschätzt werden. Bestimmen Sie mit der Konfidenzellipse ein Konfidenzintervall. Kontrollieren Sie das Resultat durch eine rechnerische Bestimmung des Intervalls.

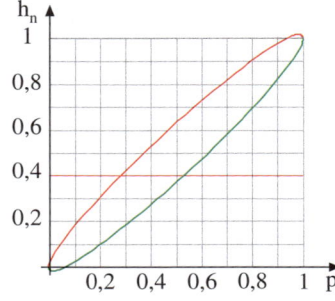

18. Konfidenzellipse (Konstruktion einer Konfidenzellipse)

Zeichnen Sie die Konfidenzellipse für einen Stichprobenumfang von n = 50 bei einem Sicherheitsniveau von 99 %.

Berechnen Sie dazu $h_1 = p - 2{,}58 \cdot \sqrt{\dfrac{p \cdot (1 - p)}{n}}$ und $h_2 = p + 2{,}58 \cdot \sqrt{\dfrac{p \cdot (1 - p)}{n}}$ für p = 0,1, p = 0,2, p = 0,3, …, p = 0,9.

Übungen

Die folgenden Übungen können ohne die Verwendung von Hilfsmitteln bearbeitet werden.

1. Standardabweichung

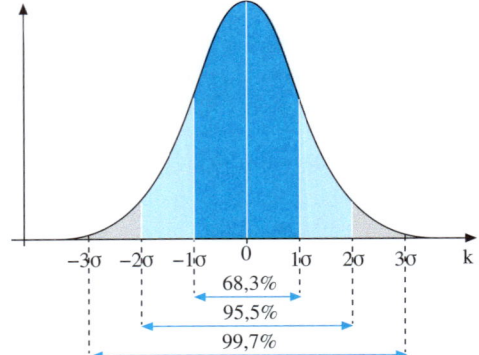

a) Geben Sie die Formel für die Standardabweichung σ einer binomialverteilten Zufallsgröße an. n sei die Länge der Bernoulli-Kette und p die Trefferwahrscheinlichkeit.

b) Beschreiben Sie, welche anschauliche Bedeutung die Standardabweichung σ hat. Verwenden Sie dazu die Skizze rechts.

2. Sigmaregeln

Die Tabellen enthalten die sog. Sigmaregeln. Der Wert c gibt an, wie viele Standardabweichungen den Radius der Sigma-Umgebung ergeben. p gibt die Sicherheitswahrscheinlichkeit der Sigma-Umgebung an. Geben Sie die fehlenden Werte für c und p an.

c	p
	90%
1,96	
2,58	

c	p
1	68,3%
2	
	99,7%

3. Prognoseintervalle

a) Eine faire Münze wird n-mal geworfen. Die Anzahl X der Kopfwürfe interessiert. Beschreiben Sie an diesem Vorgang den Begriff des Prognoseintervalls und seiner Sicherheitswahrscheinlichkeit.

b) Geben Sie ein weiteres praktisches Anwendungsbeispiel für ein Prognoseintervall an.

c) Nennen Sie die Laplace-Bedingung für ein Prognoseintervall. Begründen Sie, weshalb die Laplace-Bedingung bei der Bestimmung eines Prognoseintervalls erfüllt sein muss.

d) Geben Sie die Formeln für die Grenzen des Prognoseintervalls an. Erläutern Sie die Bedeutung der Größen n, p und c, welche in den Formeln auftreten.

e) Erläutern Sie den Unterschied zwischen einem Prognoseintervall und einem Konfidenzintervall.

4. Richtig oder falsch

A: Eine binomialverteilte Zufallsgröße (n: Länge der Bernoulli-Kette; p: Trefferwahrscheinlichkeit) hat den Erwartungswert $\mu = n \cdot p$ und die Standardabweichung $\sigma = \sqrt{n \cdot p \cdot (p-1)}$.

B: Mit einem Prognoseintervall schließt man von der Stichprobe auf die Grundgesamtheit.

C: Mit einem Prognoseintervall schließt man von der Grundgesamtheit auf die Stichprobe.

D: Ein Prognoseintervall bezeichnet man auch als Vertrauensintervall.

E: Je größer die Sicherheitswahrscheinlichkeit ist, umso kleiner ist das Prognoseintervall.

F: Je größer der Stichprobenumfang ist, umso kleiner ist das Prognoseintervall.

5. Konfidenzintervalle

a) Erklären Sie den Begriff des Konfidenzintervalls und das Verfahren zu seiner Bestimmung anhand des Beispiels einer Meinungsumfrage zur Abschätzung des unbekannten Stimmanteils p einer Partei.

b) Geben Sie die Formeln für die Intervallgrenzen eines Konfidenzintervalls an. Erläutern Sie die in der Formel auftretenden Größen n, h_n und c.

c) Geben Sie die Formel an für den Radius eines Konfidenzintervalls für die unbekannte Wahrscheinlichkeit p.

d) Wie lautet die Laplace-Bedingung für Konfidenzintervalle?

6. Umfrage

Ein Politiker möchte den aktuellen Stimmanteil seiner Partei unter den Wahlberechtigten Deutschlands feststellen lassen. Er beauftragt 20 Jugendliche der Jugendorganisation seiner Partei, ihre Eltern zu befragen. Aus den Ergebnissen wird ein Konfidenzintervall mit einem Konfidenzniveau von 68,3 % errechnet.

Diskutieren Sie das Vorgehen des Politikers unter statistischen Gesichtspunkten.

7. Veränderung des Durchmessers eines Konfidenzintervalls

Der Durchmesser eines Konfidenzintervalls hängt unter anderem von der Sicherheitswahrscheinlichkeit und vom Umfang n der Stichprobe ab. Geben Sie an, in welcher Weise man eine dieser beiden Größen verändern muss, um zu erreichen, dass der Durchmesser des Konfidenzintervalls kleiner wird.

8. Richtig oder falsch

A: Ein Konfidenzintervall wird auch als Vertrauensintervall bezeichnet.

B: Mit einem Konfidenzintervall schließt man von der Stichprobe auf die Grundgesamtheit.

C: Mit einem Konfidenzintervall schließt man von der Grundgesamtheit auf die Stichprobe.

D: Je größer der Umfang n der Stichprobe ist, umso genauer wird die Schätzung des Merkmalsanteils p in der Grundgesamtheit mit Hilfe eines Konfidenzintervalls.

E: Je größer der Stichprobenumfang n ist, umso kleiner ist bei gleicher Sicherheitswahrscheinlichkeit der Durchmesser eines Konfidenzintervalls.

F: Wird die Sicherheitswahrscheinlichkeit eines Konfidenzintervalls erhöht, so wird das Konfidenzintervall kleiner.

G: Vervierfacht man den Umfang n der Stichprobe, so verringert sich der Durchmesser des Konfidenzintervalls auf ein Viertel.

9. Unbekannte Zahl von Kieselsteinen schätzen

Der Vater von Calixt mischt in einer Zementmischmaschine eine große Zahl von Kieselsteinen. Er bietet Calixt eine Wette an: „Wenn du die Zahl der Steine in der Maschine innerhalb von 20 Minuten mit einer Genauigkeit von 50 % abschätzen kannst, dann erhöhe ich dein Taschengeld ab sofort". Calixt weiß, dass 20 Minuten niemals ausreichen würden, um die Steine zu zählen. Könnte er die Wette dennoch gewinnen?

F. Die Interpretation von Konfidenzintervallen

Konfidenzintervalle werden häufig falsch interpretiert. Das hat zwar in der Regel keine gravierenden Folgen, soll aber dennoch Anlass geben, das Interpretationsproblem hier am Ende dieses Abschnitts – d. h. in der Rückschau – anzusprechen und aufzulösen.

Hierzu gehen wir von einer Münze aus, bei der die unbekannte Wahrscheinlichkeit p für einen Kopfwurf abzuschätzen ist. (Wir nehmen zur besseren Veranschaulichung einmal an, dass die Münze gefälscht ist und p = 0,6 gilt.)
Die Münze wird nun einer Stichprobe unterzogen, indem sie 50-mal geworfen wird. Wir nehmen an, dass bei dieser Stichprobe 28-mal das Ergebnis Kopf kommt.
Hieraus können wir in der bekannten Art und Weise das 90%-Konfidenzintervall I (90% entspricht der $1{,}64 \cdot \frac{\sigma}{n}$-Umgebung von $\frac{X}{n} = \frac{28}{50} = 0{,}56$) berechnen.
Es lautet I = [0,4447; 0,6691].

Wie ist dieses Konfidenzintervall nun zu interpretieren?
Eine übliche Interpretation lautet: Der unbekannte Kopfwurfanteil p liegt mit einer Wahrscheinlichkeit von 90% im Intervall I und mit einer Wahrscheinlichkeit von 10% außerhalb des Intervalls I.
Das ist aber eigentlich falsch, denn p ist ja kein durch den Zufall bestimmter Wert, sondern ein fester Wert, der nur vom Bau der Münze abhängt, in unserem Fall der Wert p = 0,6.
Vom Zufall hängt dagegen das Konfidenzintervall ab, denn dies ist das Ergebnis einer Zufallsstichprobe. Die Stichprobe hätte ja zufällig ebenso mit einem Ergebnis von 37 Kopfwürfen enden können, was ein 90%-Konfidenzintervall J = [0,6279; 0,8276] zur Folge gehabt hätte. Nun kann aber p kaum mit der Wahrscheinlichkeit von 90% sowohl in I als auch in J liegen. Das geht mit Sicherheit nicht. Vielmehr liegt p garantiert in I und garantiert nicht in J.

Die Interpretation muss also ganz anders lauten, und zwar folgendermaßen:
Wenn man die Stichprobe oft wiederholt, z. B. 30-mal, dann werden die Stichprobenergebnisse auch zu 30 Konfidenzintervallen führen, die alle unterschiedlich sein können. Im Mittel werden 90% dieser Intervalle den wahren Wert von p überdecken, *also hier 27 Intervalle. 10% der Intervalle – also hier 3 Intervalle – werden den wahren Wert von p nicht überdecken, sondern daneben liegen. Dieses Überdeckungsargument ist die richtige Interpretation des Konfidenzintervalls.*

Wir veranschaulichen die Überdeckungsinterpretation noch einmal anhand von 30 Konfidenzintervallen zum obigen Problem, die mit Hilfe einer Computersimulation von 30 Stichproben vom Umfang n = 50 für eine Münze mit p = 0,6 bestimmt wurden. 27 Intervalle (90%) überdecken p, und 3 Intervalle (10%) überdecken p nicht.

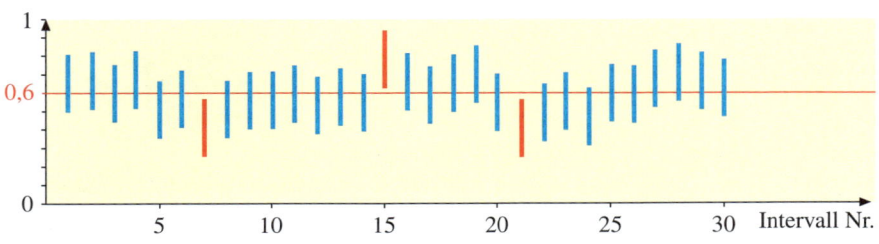

Das BERNOULLI'SCHE Gesetz der großen Zahlen

Bei nahezu allen Zufallsexperimenten kann man beobachten, dass die relative Häufigkeit eines Ergebnisses sich bei einer sehr großen Zahl von Versuchsdurchführungen weitgehend stabilisiert. Man nennt diesen Erfahrungssatz das empirische Gesetz der großen Zahlen. Wir sind nun in der Lage, dieses Gesetz für BERNOULLI-Experimente auch theoretisch zu begründen.

Auf der Seite 50 wurde herausgearbeitet, dass die relative Häufigkeit der Trefferzahl $\frac{X}{n}$ in einer BERNOULLI-Kette der Länge n mit einer Wahrscheinlichkeit von rund 99,7 % in eine $3\frac{\sigma}{n}$-Umgebung der Trefferwahrscheinlichkeit p fällt. Für Bernoulli-Ketten der Länge n gilt

$$3\frac{\sigma}{n} = 3\frac{\sqrt{n \cdot p \cdot (1-p)}}{n} = 3 \cdot \sqrt{\frac{p \cdot (1-p)}{n}} \rightarrow 0 \quad \text{für} \quad n \rightarrow \infty,$$

und zwar bei einer gleich bleibenden Sicherheitswahrscheinlichkeit von 99,7 %. Allgemein gilt:

> Der Radius des Intervalls, in das die relativen Häufigkeiten für die Trefferzahl mit einer vorgegebenen Sicherheitswahrscheinlichkeit fallen, strebt mit wachsender Länge n der BERNOULLI-Kette gegen null.

Trägt man die $3\frac{\sigma}{n}$-Umgebungen in einem Koordinatensystem über n auf, so ergibt sich der abgebildete Trichter, der mit wachsendem n immer schmaler wird.

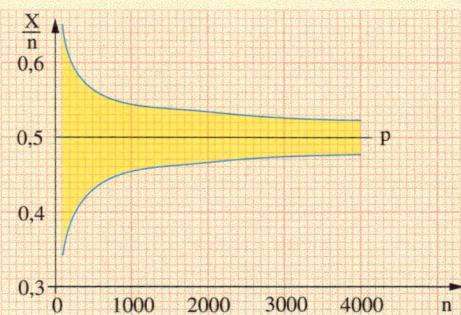

Die anschauliche Bedeutung des Trichters kann man folgendermaßen beschreiben:
Für jedes feste n enden rund 99,7 % aller Versuchsreihen der Länge n im Trichter.

Verwendet man an Stelle von $3\frac{\sigma}{n}$-Umgebungen – wie oben dargestellt – nun $4\frac{\sigma}{n}$-Umgebungen, $5\frac{\sigma}{n}$-Umgebungen usw., so erhält man Trichter mit gegen 100 % wachsenden Sicherheitswahrscheinlichkeiten. Damit ist folgender Sachverhalt anschaulich begründet:

Legt man um die Wahrscheinlichkeit p einen Umgebungsstreifen mit dem Radius ε, und sei er auch noch so schmal, so steigt mit wachsendem n die Wahrscheinlichkeit, dass die relative Trefferhäufigkeit von Versuchsreihen der Länge n in diesen ε-Streifen fällt. Für n → ∞ strebt diese Wahrscheinlichkeit gegen eins. Dies ist das BERNOULLI'sche Gesetz der großen Zahlen.

Hiermit hat sich ein Kreis geschlossen: Das Grundphänomen der Stabilisierung einer relativen Häufigkeit bei einer großen Zahl von Versuchsdurchführungen hat – zumindest für BERNOULLI-Experimente – eine eindrucksvolle theoretische Bestätigung erfahren.

Bernoulli-Gesetz der großen Zahlen

X sei die Anzahl der Treffer in einer BERNOULLI-Kette der Länge n.
Dann gilt für jedes $\varepsilon > 0$:

$$\lim_{n \to \infty} P\left(\left|\frac{X}{n} - p\right| < \varepsilon\right) = 1$$

CAS-Anwendung

Prognoseintervalle

▶ **Beispiel: Prognoseintervall für absolute Häufigkeit**
Eine Münze werde 50-mal geworfen. X sei die Anzahl der Kopfwürfe. Bestimmen Sie, wie wahrscheinlich es ist, dass X einen Wert annimmt, der höchstens um 2σ (1σ oder um 3σ) vom Erwartungswert μ abweicht.

Lösung:
Wir verwenden eine Notes-Seite.
Nach Eingabe des Stichprobenumfangs n und der Trefferwahrscheinlichkeit p wird auch eine Math-Box für den Faktor c bereitgestellt, für den zunächst der Wert 2, später dann 1 bzw. 3 oder ein anderer Wert gewählt werden kann.
Nach Berechnung von μ und σ werden die untere und die obere Grenze der Intervalle $[\mu - c \cdot \sigma;\ \mu + c \cdot \sigma]$ und schließlich $P(\mu - c \cdot \sigma \leq X \leq \mu + c \cdot \sigma)$ bestimmt.
▶ (Rundung nach außen!)

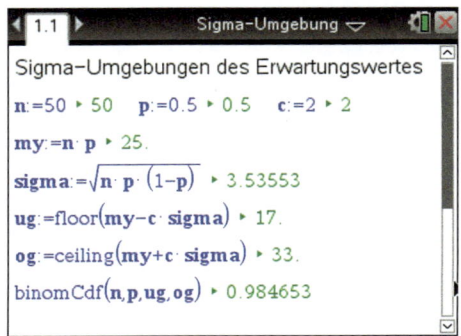

Übung 1
Ergänzen Sie die tns-Datei des Beispiels zur σ-Umgebung des Erwartungswertes durch eine Visualisierung (vgl. Histogramm Seite 44).

▶ **Beispiel: Prognoseintervall für relative Häufigkeit**
Eine Münze wird 1000-mal geworfen. Prognostizieren Sie mit einer Sicherheitswahrscheinlichkeit von 95,5 %, in welches Intervall um den erwarteten Wert p = 0,5 die relative Häufigkeit für „Kopf" fallen wird.

Lösung:
X sei die Anzahl der Kopfwürfe bei n = 1000 Münzwürfen. Die Standardabweichung von X beträgt rund 15,8 (damit ist die Laplace-Bedingung erfüllt). Die relative Häufigkeit für die Anzahl der Kopfwürfe bei n = 1000 Münzwürfen liegt mit einer Wahrscheinlichkeit von 95,5 % in einer 2σ-Umgebung um die Trefferwahrscheinlichkeit p = 0,5, also im Intervall [0,4684;
▶ 0,5316].

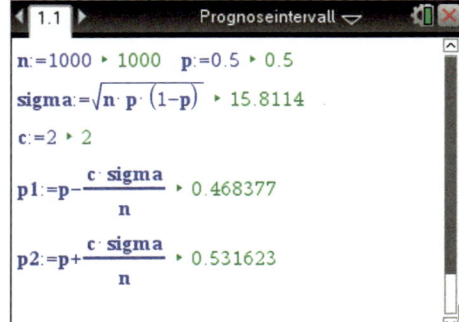

Übung 2
Bestimmen Sie wie oben das Prognoseintervall zur gegebenen Sicherheitswahrscheinlichkeit.
a) 68,3 % (c = 1)   b) 90 % (c = 1,64)   c) 95 % (c = 1,96)   d) 99 % (c = 2,58)

Konfidenzintervall

> **Beispiel: Konfidenzintervall (mit graphischer Veranschaulichung)**
> Der Anteil p aller Schüler in der gymnasialen Oberstufe besucht regelmäßig ein bestimmtes
> Internetportal. Eine Stichprobe soll nähere Auskunft über den Wert von p geben.
> Dazu wird eine Umfrage unter 50 Schülern durchgeführt, wobei 40 Schüler angeben, dass sie
> des Öfteren diese Internetseiten aufrufen. Ermitteln Sie ein Konfidenzintervall für p zur Sicher-
> heitswahrscheinlichkeit 95,5 %.

Lösung:
Als Schätzwert für p liefert die Umfrage die
relative Häufigkeit 0,8, also 80 %.
Zur Bestimmung des Konfidenzintervalls
für p ist folgende Ungleichung zu lösen:

$$|h - p| \le c \cdot \frac{\sqrt{p \cdot (1 - p)}}{\sqrt{n}}$$

Dabei ist n = 50 und h = 0,8 einzusetzen
sowie c = 2 aufgrund der Sicherheitswahrscheinlichkeit von 95,5 %. Der solve-Befehl liefert das Konfidenzintervall.

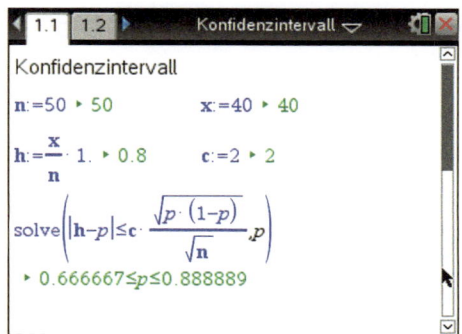

Wir haben damit das folgende Ergebnis:
Mit einer Sicherheitswahrscheinlichkeit
von 95,5 % liegt der wahre Anteil der
Schüler, die regelmäßig das gewisse Inter-
netportal besuchen, zwischen ca. 67 % und
ca. 89 %.
Nun soll das Konfidenzintervall graphisch
veranschaulicht werden. Dazu wird die
Notes-Seite fortgesetzt mit den Definitionen o(p) und u(p) für die obere und die
untere Schranke von h.

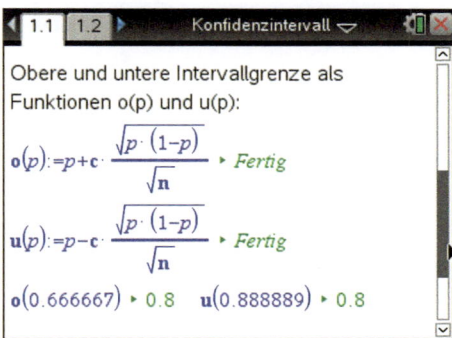

Stellt man die Graphen der Funktionen
f1 (x) = o(x) und f2 (x) = u(x) auf einer
Graphs-Seite dar, so ergibt sich das nebenstehende Bild. Trägt man zusätzlich die
Gerade zu f3 (x) = h ein, so wird aus dieser
Geraden zu h = 0,8 durch die Graphen von
f1 und f2 genau die Strecke des oben be-
rechneten Konfidenzintervalls herausge-
schnitten.

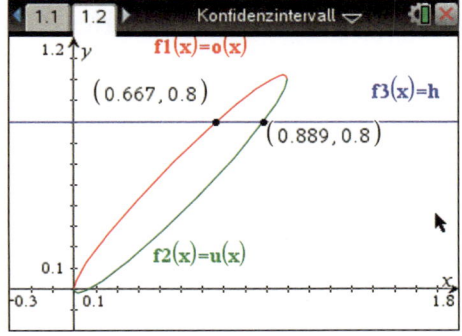

Übung 3
Bearbeiten Sie die drei Übungen von Seite 58 mit der tns-Datei des obigen Beispiels.

Überblick

Laplace-Bedingung

$$\sigma = \sqrt{n \cdot p \cdot (1 - p)} > 3$$

σ: Standardabweichung
n: Länge der Bernoulli-Kette
p: Trefferwahrscheinlichkeit

Wenn die Laplace-Bedingung erfüllt ist, gelten die folgenden Sigma-Intervalle zum Bestimmen von Prognose- und Konfidenzintervallen.

c · σ-Umgebungen des Erwartungswertes μ

X sei die Anzahl der Treffer in einer Bernoulli-Kette der Länge n mit der Trefferwahrscheinlichkeit p. Die Laplace-Bedingung sei erfüllt. μ sei der Erwartungswert und σ die Standardabweichung von X. Dann fallen die Werte der absoluten Trefferhäufigkeit X zu etwa

68,3% ins Int. $[\mu - 1 \cdot \sigma, \mu + 1 \cdot \sigma]$	90% ins Int. $[\mu - 1{,}64 \cdot \sigma, \mu + 1{,}54 \cdot \sigma]$
95,5% ins Int. $[\mu - 2 \cdot \sigma, \mu + 2 \cdot \sigma]$	95% ins Int. $[\mu - 1{,}96 \cdot \sigma, \mu + 1{,}96 \cdot \sigma]$
99,7% ins Int. $[\mu - 3 \cdot \sigma, \mu + 3 \cdot \sigma]$	99% ins Int. $[\mu - 2{,}58 \cdot \sigma, \mu + 2{,}58 \cdot \sigma]$
c ganzzahlig	c nicht ganzzahlig

c · $\frac{\sigma}{n}$-Umgebungen der Wahrscheinlichkeit p

X sei die Anzahl der Treffer in einer Bernoulli-Kette der Länge n mit der Trefferwahrscheinlichkeit p. Die Laplace-Bedingung sei erfüllt. σ sei die Standardabweichung von X.

Dann fallen die Werte der relativen Trefferhäufigkeit $\frac{X}{n}$ zu etwa

68,3% ins Int. $\left[p - 1 \cdot \frac{\sigma}{n}, p + 1 \cdot \frac{\sigma}{n}\right]$	90% ins Int. $\left[p - 1{,}64 \cdot \frac{\sigma}{n}, p + 1{,}54 \cdot \frac{\sigma}{n}\right]$
95,5% ins Int. $\left[p - 2 \cdot \frac{\sigma}{n}, p + 2 \cdot \frac{\sigma}{n}\right]$	95% ins Int. $\left[p - 1{,}96 \cdot \frac{\sigma}{n}, p + 1{,}96 \cdot \frac{\sigma}{n}\right]$
99,7% ins Int. $\left[p - 3 \cdot \frac{\sigma}{n}, p + 3 \cdot \frac{\sigma}{n}\right]$	99% ins Int. $\left[p - 2{,}58 \cdot \frac{\sigma}{n}, p + 2{,}58 \cdot \frac{\sigma}{n}\right]$
c ganzzahlig	c nicht ganzzahlig

Prognoseintervall für absolute Häufigkeiten in Stichproben

p sei die bekannte Wahrscheinlichkeit eines Merkmals in der Grundgesamtheit (Trefferwahrscheinlichkeit). X sei die unbekannte Trefferzahl in einer noch zu erhebenden Stichprobe vom Umfang n.
Ein Prognoseintervall für X gibt ein Intervall um den Erwartungswert μ von X an, in der die absolute Häufigkeit X mit einer vorgegebenen Sicherheitswahrscheinlichkeit liegt.
Ein solches Prognoseintervall ist in der Regel eine c · σ-Umgebung von μ, wobei der c-Wert 1 oder 2 oder 3 bzw. 1,64 oder 1,96 oder 2,58 ist. Prognoseintervalle für absolute Häufigkeiten X haben ganzzahlige Grenzen. Es wird nach außen gerundet.

Prognoseintervall für relative Häufigkeiten in Stichproben

p sei die bekannte Wahrscheinlichkeit eines Merkmals in der Grundgesamtheit (Trefferwahrscheinlichkeit). $\frac{X}{n} = h_n$ sei die unbekannte relative Trefferhäufigkeit in einer noch zu erhebenden Stichprobe vom Umfang n.
Ein Prognoseintervall für $\frac{X}{n} = h_n$ gibt ein Intervall um die Wahrscheinlichkeit p an, in der die relative Häufigkeit $\frac{X}{n} = h_n$ mit einer vorgegebenen Sicherheitswahrscheinlichkeit liegt.
Ein solches Prognoseintervall ist in der Regel eine c · $\frac{\sigma}{n}$-Umgebung von p, wobei der c-Wert 1 oder 2 oder 3 bzw. 1,64 oder 1,96 oder 2,58 ist.

Konfidenzintervall für die unbekannte Wahrscheinlichkeit p

p sei die unbekannte Wahrscheinlichkeit eines Merkmals in der Grundgesamtheit. $\frac{X}{n} = h_n$ sei die bekannte relative Häufigkeit des Merkmals in einer erhobenen Stichprobe. Ein Konfidenzintervall gibt ein Intervall um die relative Häufigkeit $\frac{X}{n} = h_n$ an, das die unbekannte Wahrscheinlichkeit p mit einer vorgegebenen Sicherheitswahrscheinlichkeit überdeckt. Es handelt sich in der Regel um eine $c \cdot \frac{\sigma}{n}$-Umgebung von $\frac{X}{n}$. Das Konfidenzintervall enthält alle Werte von p, die mit h_n statistisch verträglich sind.

Methode zur Bestimmung des Konfidenzintervalls für die unbekannte Wahrscheinlichkeit p

Größen:

n:	Stichprobenumfang
p:	Wahrscheinlichkeit des Merkmals
X:	Absolute Merkmalshäufigkeit in der Stichprobe
$h_n = \frac{X}{n}$:	Relative Merkmalshäufigkeit in der Stichprobe
c:	c-Wert der Sicherheitswahrscheinlichkeit

Formel: Das Konfidenzintervall $p_1 \leq p \leq p_2$ für die unbekannte Wahrscheinlichkeit p erhält man aus der Betragsungleichung

$$|h_n - p| \leq c \cdot \frac{\sqrt{p \cdot (1 - p)}}{\sqrt{n}}$$

(mit $c = 2$ für 95,5 % Sicherheitswahrscheinlichkeit).
Ohne CAS erhält man die Intervallgrenzen p_1 und p_2 durch Lösung der zugehörigen quadratischen Gleichung

$$(h_n - p)^2 = c^2 \cdot \frac{p \cdot (1 - p)}{n}.$$

Durchmesser eines Konfidenzintervalls in Abhängigkeit vom Stichprobenumfang

Je größer der Stichprobenumfang n ist, umso kleiner ist der Durchmesser des Konfidenzintervalls. Vervierfacht (verneunfacht, …) man n so halbiert (drittelt, …) sich bei gleicher Sicherheitswahrscheinlichkeit der Durchmesser des Konfidenzintervalls. $\left(\frac{1}{\sqrt{n}}\text{-Gesetz}\right)$

Mindestumfang der Stichprobe bei vorgegebener Genauigkeit der Konfidenzschätzung

Betrachtet wird ein Konfidenzintervall für eine unbekannte Wahrscheinlichkeit p, dessen Sicherheitswahrscheinlichkeit durch seinen c-Wert vorgegeben ist.
Gilt dann die rechts aufgeführte Ungleichung, so hat das Konfidenzintervall höchstens den Durchmesser $d = \varepsilon$.
Die Schätzung von p ist dann auf $\pm\frac{\varepsilon}{2}$ genau.

$$n \geq \frac{c^2}{\varepsilon^2}$$

Konfidenzdiagramm Konfidenzellipse

Eine Konfidenzellipse erhält man, wenn man die zwei Kurven in ein Koordinatensystem zeichnet:

$$h_1(p) = p - z \cdot \sqrt{\frac{p \cdot (1 - p)}{n}},$$

$$h_2(p) = p + z \cdot \sqrt{\frac{p \cdot (1 - p)}{n}}$$

Die Konfidenzellipse gestattet es, zu jeder in der Stichprobe gefundenen relativen Häufigkeit h_n das zugehörige Konfidenzintervall für p abzulesen.

Prognose- und Konfidenzintervalle

1. **Prognoseintervall: Prognose einer absoluten Häufigkeit in einer Stichprobe**
   Ein Forstbetrieb erzeugt Weihnachtsbäume. Erfahrungsgemäß sind 80 % der Bäume makellos.
   Ein Händler nimmt dem Forstbetrieb jährlich 600 Bäume ab. Er möchte seinen Gewinn kalkulieren. Bei makellosen Bäumen verdient er 18 € pro Stück, bei Bäumen mit Mängeln nur 6 €.
   a) Bestimmen Sie ein Prognoseintervall für die Anzahl X der makellosen Bäume in der Lie-
      ferung. Das Sicherheitsniveau soll 95,5 % betragen.
   b) Berechnen Sie aufgrund der Ergebnisse aus a) den Mindestgewinn des Händlers.
   c) Bäume mit Mängeln werden auf einer separaten Fläche angeboten. Ermitteln Sie, welcher
      Anteil der Verkaufsfläche dafür einzuplanen ist, damit dieser Anteil auf einem Sicherheits-
      niveau von 95,5 % ausreichend groß ist.

2. **Konfidenzintervall: Schätzung einer unbekannten Wahrscheinlichkeit**
   Ein Lieferant von Kaffeebohnen bietet die Rücknahme einer Lieferung an,
   wenn mehr als 5 % der Bohnen einen erniedrigten Koffeingehalt aufweisen.
   Einer der Kunden, ein Hersteller von Filterkaffee, kontrolliert jede Lieferung
   durch eine Zufallsstichprobe von 200 Bohnen, die genau untersucht werden.
   In einer Stichprobe sind 12 Bohnen mit niedrigem Koffeingehalt.
   a) Bestimmen Sie ein Konfidenzintervall für die unbekannte Wahrscheinlichkeit p der minder-
      wertigen Bohnen des Lieferanten. Das Sicherheitsniveau soll 68,3 % betragen.
   b) Bestimmen Sie nun ein Konfidenzintervall auf einem Niveau von 99.7 %. Vergleichen Sie
      mit dem Ergebnis aus b).

3. **Konfidenzintervall: Schätzung des Bekanntheitsgrades einer Marke**
   Ein Fahrradhersteller beauftragt ein Meinungsforschungsinstitut, festzustellen, welchen Bekanntheitsgrad p die Marke erreicht hat. Die Sicherheitswahrscheinlichkeit (Konfidenzniveau)
   soll 95,5 % betragen. Ist der Bekanntheitsgrad nicht mindestens 10 %, so soll eine teure Werbekampagne im Fernsehen gestartet werden. Das Institut befragt eine Zufallsstichprobe von
   2000 Personen. 220 Personen geben an, die Fahrradmarke zu kennen.
   a) Prüfen Sie, ob die die Laplace-Bedingung für Konfidenzintervalle erfüllt ist.
   b) Bestimmen Sie ein Konfidenzintervall für p.
   c) Entscheiden Sie, ob die Werbekampagne nötig ist. Begründen Sie ihre Entscheidung.

4. **Bestimmung des erforderlichen Umfangs einer Stichprobe**
   Ermitteln Sie, wie groß eine Zufallsstichprobe gewählt werden muss, um den Anteil p von
   Motorradbesitzern in der Bevölkerung mit einer Sicherheitswahrscheinlichkeit von 95,5 %
   auf ± 5 % genau zu schätzen. Wie groß muss die Stichprobe bei einer Genauigkeit von ± 1 %
   sein?

Lösungen: S. 84

III. Aufgaben zur Abiturvorbereitung

Im Folgenden sind Aufgaben zu den Themen Binomialverteilung Prognose- und Konfidenzintervalle, die
zur Vorbereitung auf die schriftlichen Abiturprüfungen
hilfreich sind, zusammengestellt.

1. Aufgaben ohne Hilfsmittel

1. Binomialverteilungen
Ordnen Sie den Bezeichnungen B (5; 0,2; k), B (5; 0,5; k), B (5; 0,7; k) und B (10; 0,2; k) die zugehörigen Diagramme zu.

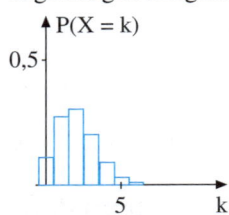 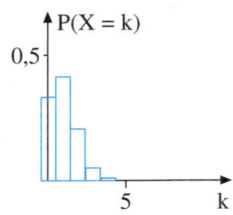 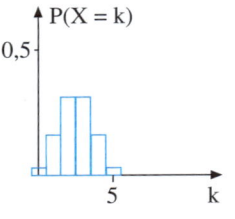 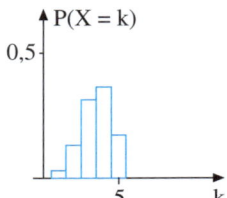

2. Binomialterme
Berechnen Sie die Binomialterme.
a) B (4; 0,5; 3)   b) F (4; 0,5; 1)

3. Münzwurf
Eine Münze wird dreimal geworfen. Die Zufallsgröße X bezeichne die Zahl der Kopfwürfe.
a) Bestimmen Sie die Wahrscheinlichkeitsverteilung von X.
b) Zeichnen Sie ein Diagramm der Wahrscheinlichkeitsverteilung von X.
c) Beschreiben Sie charakteristischen Eigenschaften der Verteilung.
d) Bestimmen Sie den Erwartungswert sowie die Standardabweichung von X.

4. Erwartungswert und Standardabweichung
Gegeben sei eine binomialverteilte Zufallsgröße X mit den Parametern n, p, μ und σ. Berechnen Sie die jeweils fehlenden Parameter.
a) p = 0,25; $\sigma = 3$ b) $\mu = 10$; $\sigma = 3$ c) n = 16; $\sigma = \sqrt{3}$

5. B (n;p;k)- und F (n;p;k)-Terme
Gegeben sei eine binomialverteilte Zufallsgröße X mit den Parametern n = 20 und p = 0,25. Stellen Sie die gesuchte Wahrscheinlichkeit durch einen B- bzw. F-Term dar.
a) P (X = 5)   b) P (X ≥ 5)   c) P (5 ≤ X ≤ 15)

6. Eigenschaften einer Binomialverteilung
Beschreiben Sie die Eigenschaften des Diagrammes von B (11; 0,5; k). (Balkenanzahl = ?)
a) Begründen Sie damit, dass F (11; 0,5; 5) = 0,5 gilt.
b) Begründen Sie, dass B (11; 0,5; 5) < B (5; 0,5; 2) gilt.
c) Verallgemeinern Sie die Aussage a).

7. Trefferwahrscheinlichkeit
Eine Zufallsgröße X sei binomialverteilt mit n = 100 und der Varianz V (X) = σ^2 = 9.
a) Berechnen Sie, welche Werte die Trefferwahrscheinlichkeit p, der Erwartungswert μ und die Standardabweichung σ annehmen können.
b) Beschreiben Sie, wie sich die Werte für μ und σ ändern, wenn bei gleichbleibendem Wert für p der Umfang n erhöht wird.

8. Graphische Darstellung

Die Zufallsgröße X ist binomialverteilt mit n = 8 und p = 0,3.

a) Entscheiden Sie, welches der beiden Diagramme die Wahrscheinlichkeitsverteilung von X zeigt.

Geben Sie eine Begründung für Ihre Entscheidung.

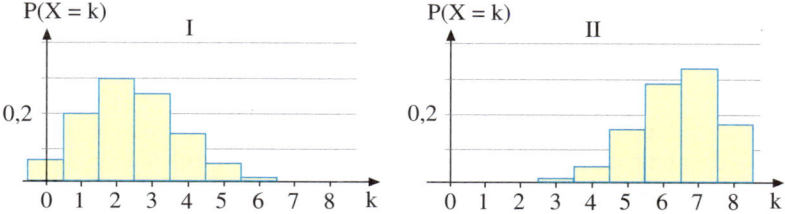

b) Beschreiben Sie, wie sich das Diagramm ändert, wenn p größer wird.

c) Bestimmen Sie anhand des korrekten Diagramms aus a) näherungsweise die Wahrscheinlichkeiten $P(0 < X < 3)$ und $P(X \neq 2)$.

9. Glücksrad

Ein Glücksrad ist in 10 gleich große Sektoren 1, 2, …, 9, 10 eingeteilt. Das Rad wird 10-mal gedreht.

a) Geben Sie einen Term für die Wahrscheinlichkeit an, dass Sektor 1 genau einmal getroffen wird.

b) Geben Sie einen Term für die Wahrscheinlichkeit an, dass Sektor 1 nur beim ersten Dreh getroffen wird.

c) Die Zufallsgröße X gibt beim 10-maligen Drehen an, wie oft Sektor 1 nicht getroffen wurde.

Entscheiden Sie begründet, welches der beiden unten dargestellten Diagramme diese Zufallsgröße darstellt.

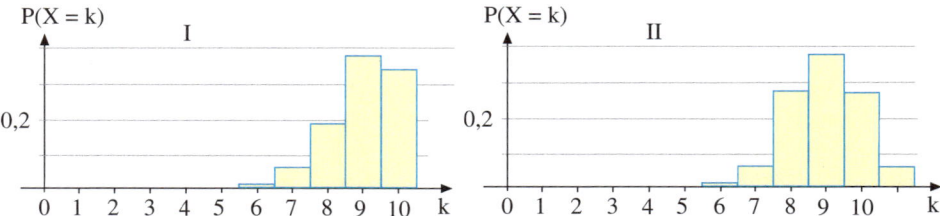

10. Prognoseintervall

Bei einer bundesweiten Lotterie beträgt die Wahrscheinlichkeit auf einen Gewinn 25%. Eine Losverkaufsstelle verfügt über 1200 Lose.

Berechnen Sie Prognoseintervalle für die Anzahl der Gewinnlose und den Anteil der Gewinnlose bei der Verkaufsstelle mit einer Sicherheitswahrscheinlichkeit von 95,5%.

11. Konfidenzintervall (Anwendung des Näherungverfahrens von S. 59)

Kurz vor einer Wahl erhält der Kandidat A bei einer Umfrage unter 1800 Wahlberechtigten 600 Zustimmungen. Bei der letzten Wahl hatte er 28%. Untersuchen Sie, ob der Kandidat A seine Beliebtheit mit 95,5% Sicherheitswahrscheinlichkeit steigern konnte.

2. Aufgaben mit Hilfsmitteln

1. Spiel mit 4 Würfeln

Vier Laplace-Würfel mit den Augenzahlen 1 bis 6 werden gleichzeitig geworfen.

a) Berechnen Sie die Wahrscheinlichkeiten von:

  A: Die Würfel zeigen 4 verschiedene Zahlen.

  B: Die Würfel zeigen 4 gleiche Zahlen.

  C: Die Würfel zeigen genau 3 gleiche Zahlen.

  D: Die Würfel zeigen genau 2 gleiche Zahlen, die beiden anderen sind nicht gleich.

b) Die Summe der Wahrscheinlichkeiten der Ereignisse A bis D ergibt nicht 1, da nicht alle möglichen Ergebnisse des Würfelwurfes erfasst sind. Beschreiben Sie die fehlenden Ergebnisse durch ein Ereignis E und begründen Sie, warum genau 90 der 1296 möglichen Ergebnisse zum Ereignis E gehören.

c) Die Würfel werden zehnmal geworfen. Bestimmen Sie die Wahrscheinlichkeit, dass dabei höchstens einmal genau 3 gleiche Zahlen geworfen werden.

d) Untersuchen Sie, wie oft man die Würfel mindestens werfen muss, um mit mindestens 98 % Wahrscheinlichkeit mindestens einmal 4 gleiche Zahlen zu erhalten.

e) Die Würfel werden 900 mal geworfen. Berechnen Sie die Wahrscheinlichkeit, dass öfter als 235 mal und höchstens 260 mal vier verschiedene Zahlen kommen.

f) Bei einem Einsatz von 1 € erhält man bei drei gleichen Zahlen 5 € ausgezahlt, bei vier gleichen Zahlen erhält man sogar 50 € Auszahlung. Berechnen Sie den durchschnittlichen Gewinn/Verlust des Spielers pro Spiel.

g) Verallgemeinerung: n Würfel (n > 4) werden geworfen. Leiten Sie eine Formel her für die Wahrscheinlichkeit, dass genau k Würfel die Sechs und genau ein Würfel die Eins zeigt.

2. Allergien

In einer Region sind 10 % der Menschen allergisch gegen Birkenpollen, 5 % gegen Gräserpollen und 2 % gegen Hausstaub.

a) Bestimmen Sie die Wahrscheinlichkeit der folgenden Ereignisse.

  A: Unter 15 Personen ist höchstens einer allergisch gegen Gräserpollen.

  B: Unter 100 Personen sind mehr als 8 allergisch gegen Birkenpollen.

  C: Unter 500 Personen haben mindestens 5 und höchstens 15 eine Hausstauballergie.

b) Untersuchen Sie, wie viele Personen mindestens befragt werden müssen, um mit mindestens 98 % Wahrscheinlichkeit wenigstens eine Person zu finden, die eine Hausstauballergie hat.

c) Bei der Herstellung eines antiallergischen Nasensprays tritt bei 5 % der Sprühflaschen ein Fehler (F) auf. In der Qualitätskontrolle werden 97 % der Flaschen mit dem Fehler F aussortiert. Leider werden 1 % der Flaschen, die nicht fehlerhaft sind, ebenfalls aussortiert. Berechnen Sie die Wahrscheinlichkeiten folgender Ereignisse:

  D: Eine Flasche wird aussortiert.

  E: Eine nicht aussortierte Flasche ist trotzdem fehlerhaft.

  Erstellen Sie zur Lösung eine Vierfeldertafel.

d) Beben dem Fehler F tritt bei der Herstellung der Spraydosen noch ein Materialfehler M auf. Die Fehler F und M sind stochastisch unabhängig. Die Wahrscheinlichkeit, dass mindestens einer der Fehler auftritt, beträgt 8,8 %. Berechnen Sie, mit welcher Wahrscheinlichkeit der Fehler M auftritt.

3. **Bücherwürmer**

   18 % der Deutschen lesen im Jahr mehr als 15 Bücher, sie sind „Bücherwürmer".
   a) Bestimmen Sie die Wahrscheinlichkeiten der folgenden Ereignisse.
      A: Unter 10 zufällig ausgewählten Personen befinden sich genau 2 Bücherwürmer,
      B: Unter 7 zufällig ausgewählten Personen sind mindestens 6 keine Bücherwürmer,
      C: Unter 1000 zufällig ausgewählten Personen sind mindestens 165 und höchstens 210
         Bücherwürmer.
   b) Untersuchen Sie, wie viele Personen man mindestens befragen muss, um mit mindestens
      99,5 % Wahrscheinlichkeit mindestens einen Bücherwurm zu finden.
   c) Ein Verleger lässt seine Bücher in einer Druckerei herstellen, von der bekannt ist, dass 3 %
      der Produktion Fehldrucke sind. In einem Prüfverfahren werden 97 % der Fehldrucke und
      99 % der korrekten Bücher richtig eingestuft.
      Berechnen Sie die Wahrscheinlichkeiten der folgenden Ereignisse.
      D: Ein Buch wird als Fehldruck eingestuft.
      E: Ein als Fehldruck eingestuftes Buch ist tatsächlich ein Fehldruck.
      F: Ein nicht als Fehldruck eingestuftes Buch ist tatsächlich ein Fehldruck.
   d) Zur Veröffentlichung eines neuen Romans bietet ein Verlag eine Lesung an. Da erfahrungs-
      gemäß 4 % aller angemeldeten Personen nicht kommen, werden vom Verlag mehr als 150
      Reservierungen für die 150 vorhandenen Plätze angenommen. Untersuchen Sie, wie viele
      Reservierungen angenommen werden dürfen, damit trotz Überbuchung das Platzangebot
      mit mindestens 96 % Wahrscheinlichkeit ausreicht.

4. **Anglerlatein**

   Ein Angler fängt in der Ostsee bevorzugt Zander. Nur 25 % der von ihm gefangenen Zander
   sind *groß*, d. h., ihre Länge beträgt mindestens 50 cm. Insgesamt sind nur 30 % der von ihm
   gefangenen Fische *groß*. Auch sind nur 10 % seiner gefangenen Fische *Zander* **und** sind zu-
   gleich *groß*.
   a) Bestimmen Sie die Wahrscheinlichkeiten der folgenden Ereignisse:
      A: von 9 gefangenen Zandern sind mindestens 2 groß,
      B: von 500 gefangenen Fischen sind mindestens 140 und höchstens 170 Fische groß.
      Begründen Sie, warum Bernoulli-Ketten zur Modellierung dieser Situationen nutzbar sind.
   b) Untersuchen Sie, wie viele Zander der Angler mindestens fangen muss, um mit mindestens
      98 % Wahrscheinlichkeit mindestens einen großen Zander zu erhalten.
   c) Erstellen Sie eine Vierfeldertafel mit den beiden Merkmalen Fischart (Zander/kein Zander)
      und Fanggröße (groß/klein) auf der Basis von 1000 gefangenen Fischen.
   d) Ermitteln Sie die Wahrscheinlichkeiten der folgenden Ereignisse.
      C: Der nächste gefangene Fisch ist kein Zander und ist groß,
      D: Der letzte gefangene Fisch war kein Zander,
      E: Der letzte gefangene Fisch ist ein Zander, unter der Bedingung, dass es sich um einen
         großen Fisch handelt.
   e) Berechnen Sie näherungsweise die Wahrscheinlichkeit, dass unter 400 gefangenen Fischen
      mindestens 28 und höchstens 52 große Zander sind.
   f) Berechnen Sie Intervallgrenzen a und b, so dass für die Anzahl X der großen Zander unter
      225 gefangenen Fischen die Wahrscheinlichkeit $P(a \leq X \leq b)$ mindestens 95,5 % beträgt.
   g) Über einen längeren Zeitraum hinweg stellt der Angler fest, dass er bei 625 Fischen 75
      große Zander geangelt hatte. Beurteilen Sie zum Konfidenzniveau von 95,5 %, ob die Er-
      folgsquote des Anglers für große Zander nun auf über 10 % gestiegen ist.

5. Blitzmarathon

Beim Blitzmarathon 2016 betrug die Raserquote bundesweit 3,6%. Im Jahr 2017 überprüfte die Polizei in einem Bundesland zum Blitzmarathon rund 190 000 Fahrzeuge. Deuten Sie das Ergebnis der folgenden Rechnung im Sachzusammenhang. Nehmen Sie auch dazu Stellung, welche Annahmen der Rechnung zugrunde gelegt worden sind.

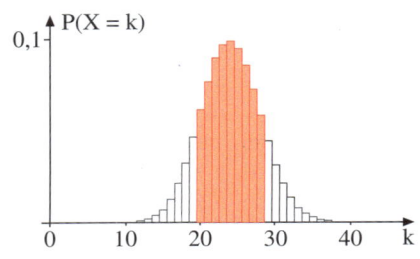

$\mu = n \cdot p = 190\,000 \cdot 0{,}036 = 6840$

$\sigma = \sqrt{n \cdot p \cdot (1 - p)} = \sqrt{190\,000 \cdot 0{,}036 \cdot 0{,}964} \approx 81{,}2$

$p - 2\frac{\sigma}{n} \approx 0{,}0351 = 3{,}51\%; \ p + 2\frac{\sigma}{n} \approx 0{,}0369 = 3{,}69\%$

6. Würfelspiel

Bei einem Würfelspiel sind die Ergebnisse 1 und 6 für den Spieler besonders günstig. Das Histogramm rechts zeigt die Verteilung der Zufallsgröße X = Anzahl der Würfe mit dem Ergebnis 1 oder 6 bei 72 Würfen.

a) Geben Sie an, welches Ereignis durch den rot schraffierten Bereich im Histogramm dargestellt wird.

b) Schätzen Sie die Wahrscheinlichkeit des Ereignisses aus a ab.

c) $\mu = E(X)$ bezeichnet den Erwartungswert der Zufallsgröße X. Ermitteln Sie nun ein Intervall $[\mu - a; \mu + a]$, sodass die Zufallsgröße X mit einer Wahrscheinlichkeit von ca. 95,5% in diesem Intervall liegt.

d) Geben Sie das Prognoseintervall für die relative Häufigkeit des Ereignisses „1 oder 6" bei 72 Würfen mit einer Sicherheitswahrscheinlichkeit von 95,5% an. Die Intervallgrenzen können als Bruch angegeben werden.

7. Schwarzfahrerquote

Der Verkehrsverbund in einer Großstadt führt einmal jährlich eine angekündigte Großaktion zur Ticketkontrolle in Bussen und Bahnen durch. 2016 wurden bei 12 600 kontrollierten Fahrgästen 350 Schwarzfahrer ermittelt. 2017 waren es 510 Schwarzfahrer unter 15 400 kontrollierten Fahrgästen. Ein Praktikant ermittelte für 2016 und 2017 die 95,5%-Konfidenzintervalle:

2016: $2{,}48\% \leq p \leq 3{,}07\%$

2017: $3{,}02\% \leq p \leq 3{,}60\%$

a) Beurteilen Sie anhand der beiden 95,5%-Konfidenzintervalle die Schlussfolgerung, dass sich die Schwarzfahrerquote erhöht hat.

b) Untersuchen Sie, ob mit einer Sicherheitswahrscheinlichkeit von 90% auf eine Erhöhung der Schwarzfahrerquote geschlossen werden kann.

8. Defekte Schaltungen

Ein Handy-Hersteller bestellt eine große Lieferung integrierter Schaltungen, von denen nach Herstellerangabe höchstens 3% nicht der Norm entsprechen. Zur Überprüfung dieser Angabe wird der Lieferung eine Stichprobe entnommen, die überprüft wird.

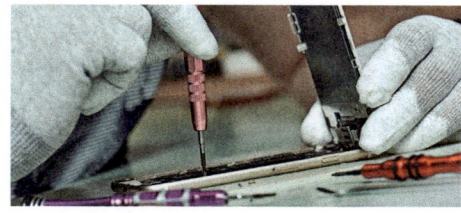

a) Berechnen Sie, wie groß der Umfang der Stichprobe mindestens sein muss, damit die Laplace-Bedingung erfüllt ist.

b) Berechnen Sie, wie groß die Anzahl der Schaltungen, die nicht der Norm entsprechen, in einer Stichprobe vom Umfang n = 400 sein darf, wenn diese Anzahl in einer $2\,\sigma$-Umgebung des Erwartungswertes liegen soll.

9. Binomialverteilung, Konfidenzintervalle

Karl trifft beim Zielschießen auf die Torwand in 60% der Fälle. X sei die Anzahl der Treffer bei einer Schuss-serie.

a) Karl schießt zehnmal auf die Torwand. Berechnen Sie die Wahrscheinlichkeiten der folgenden Ereignisse.
   A: „Karl erzielt genau sechs Treffer."
   B: „Karl erzielt mindestens sieben Treffer."
   C: „Karl erzielt fünf bis sieben Treffer."

b) Karl schießt 100-mal auf die Torwand. Berechnen Sie den Erwartungswert μ und die Standardabweichung σ der Zufallsgröße X = Trefferzahl. Berechnen Sie die Wahrscheinlichkeit, dass die Trefferzahl von Karl zwischen $\mu - \sigma$ und $\mu + \sigma$ liegt.

c) Karl und Peter schießen abwechselnd auf die Torwand, wobei Karl beginnt. Die Trefferwahrscheinlichkeit von Peter beträgt 50%. Das Spiel ist beendet, wenn jeder zwei Schüsse abgegeben hat. Gewonnen hat derjenige, der die meisten Treffer erzielt hat.
   Ermitteln Sie, mit welcher Wahrscheinlichkeit Karl gewinnt. Verwenden Sie ein Baumdiagramm.

d) Bestimmen Sie für das Spiel aus c), wie viele Schüsse im Durchschnitt bis zur Erzielung des ersten Treffers abgegeben werden. Spiele ohne Treffer werden nicht berücksichtigt.

Im Fußballcamp konnte Karl zwei Wochen mit einem ehemaligen Fußballprofi trainieren. Nun möchte er herausfinden, ob sich seine Trefferquote dadurch auf über 60% erhöht hat.

e) Bei einer Serie mit n = 50 Versuchen erzielt Karl 35 Treffer. Ermitteln Sie das Konfidenzintervall für Karls Trefferquote nach dem Fußballcamp zum Konfidenzniveau von 95%. Begründen Sie anhand des Konfidenzintervalls, warum Karl aufgrund der Serie nicht sicher sein kann, dass sich seine Trefferquote erhöht hat.

f) Untersuchen Sie, welchen Umfang n eine Serie bei einer relativen Trefferhäufigkeit von 70% mindestens haben muss, damit er zum Konfidenzniveau von 95% eine Verbesserung der Trefferquote auf über 60% feststellen kann.

10. **Kosten erneuerbarer Energie**

Ein Unternehmen, das Windräder herstellt, behauptet, dass mindestens 60% der Stromkunden bereit sind, für den Strom aus erneuerbaren Energien anstelle von Atomstrom, mindestens 10 € Mehrkosten pro Monat zu akzeptieren.

Zur Untermauerung seiner Behauptung führt er an, dass in einer Umfrage unter 1800 Personen diese Mehrkosten von 1044 Personen akzeptiert wurden. Prüfen Sie, ob die Behauptung des Unternehmens auf 95,5% Sicherheitsniveau haltbar ist.

11. **10%-Würfel (Prognose- und Konfidenzintervalle)**

Bei dem rechts dargestellten symmetrischen U-Prisma sind die Seiten mit den Zahlen von 1 bis 6 so beschriftet, dass die Summe der Zahlen auf zwei gegenüberliegenden Seiten immer 7 ergibt. X sei die Anzahl der Sechsen bei 100 Würfen. Wir gehen zunächst davon aus, dass p = 10% ist.

a) Ermitteln Sie die 2σ-Umgebung des Erwartungswertes von X und geben Sie an, mit welcher Wahrscheinlichkeit X ungefähr einen Wert in dieser 2σ-Umgebung annimmt.

b) Die Zufallsgröße Y gibt die Trefferzahl des Ereignisses „1 oder 6" bei 100 Würfen an. Ermitteln Sie ein Prognoseintervall für Y mit der Sicherheitswahrscheinlichkeit von 95,5%.

c) Ermitteln Sie Prognoseintervalle für die relativen Häufigkeiten X/100 und Y/100 mit der Sicherheitswahrscheinlichkeit von 95,5%.

Wir gehen nun davon aus, dass die Wahrscheinlichkeiten der Würfelergebnisse unbekannt sind. Bei Stichprobenerhebungen wurden folgende Häufigkeiten ermittelt:

Ergebnis	4	6
Häufigkeit bei n = 100	8%	12%
Häufigkeit bei n = 500	9,2%	10,4%

d) Berechnen Sie für die Wahrscheinlichkeiten der Würfelergebnisse 4 und 6 für n = 100 und n = 500 die Konfidenzintervalle zum Konfidenzniveau von 95,5%.

e) Beurteilen Sie anhand der Ergebnisse aus d) die Aussage, dass das Würfelergebnis 6 wahrscheinlicher ist als das Würfelergebnis 4.

Bei zwei durchgeführten Würfelserien vom Umfang n = 250 wurde für das Würfelergebnis 3 einmal die relative Häufigkeit von 4% ermittelt und einmal die relative Häufigkeit von 14%.

f) Beurteilen Sie mit Hilfe von Konfidenzintervallen (Konfidenzniveaus 90% und 99%) die Glaubwürdigkeit dieser Angaben.

12. Bernoulli-Kette, Konfidenzintervall

Eine Porzellanmanufaktur bringt eine neue Serie auf den Markt. Durchschnittlich sind 80% der Fertigung 1. Wahl. Der Rest wird mit kleinen Fehlern als 2. Wahl verkauft.

a) Bestimmen Sie die Wahrscheinlichkeit, dass von 50 willkürlich der Produktion entnommenen Teilen mehr als 43 Stücke 1. Wahl sind.

b) Ein Kunde bestellt 500 Stücke, die der laufenden Produktion entnommen werden. Bestimmen Sie die Wahrscheinlichkeit, dass er höchstens 80 Stücke 2. Wahl erhält.

c) Ein Großkunde möchte 1000 Stücke 1. Wahl geliefert bekommen. Untersuchen Sie, wie viele Teile aus der laufenden Produktion ihm mindestens geliefert werden sollten, damit mit mindestens 98% Wahrscheinlichkeit mindestens 1000 Stücke 1. Wahl darunter sind.

d) Der Produktionsprozess ist in zwei Phasen gegliedert. Der Anteil 2. Wahl wird durch einen Fehler verursacht, der in der 1. Phase des Produktionsprozesses mit einer Wahrscheinlichkeit p auftritt. Unabhängig von der 1. Phase tritt der Fehler in der 2. Phase des Produktionsprozesses mit der doppelten Wahrscheinlichkeit auf. Berechnen Sie die Wahrscheinlichkeit p des Fehlers.

Die Manufaktur führt eine Qualitätskontrolle ein. Dabei werden Teile 2. Wahl zu 95% erkannt. Leider werden auch Stücke 1. Wahl fälschlicherweise als 2. Wahl eingestuft. Insgesamt werden in der Kontrolle 21% der Produktion als 2. Wahl deklariert.

e) Berechnen Sie, mit welcher Wahrscheinlichkeit ein Stück 1. Wahl falsch deklariert wird.

f) Berechnen Sie, mit welcher Wahrscheinlichkeit ein Stück, das als 2. Wahl eingestuft wurde, tatsächlich fehlerhaft ist.

Durch Verbesserungen im Produktionsprozess soll der Anteil an 1. Wahl erhöht werden. Eine Stichprobe von 100 Teilen ergibt bei genauer Prüfung 85 Teile 1. Wahl.

g) Berechnen Sie mit der Sicherheitswahrscheinlichkeit von 95,5% ein Konfidenzintervall für den neuen Anteil p an Stücken 1. Wahl.

h) Durch die Prüfung einer neuen Stichprobe vom Umfang n soll mit einer Sicherheitswahrscheinlichkeit von 95,5% festgestellt werden, dass der Anteil der Stücke 1. Wahl nun über 80% liegt. Untersuchen Sie, wie groß der Stichprobenumfang n nun mindestens gewählt werden muss, wenn die relative Häufigkeit der Stücke 1. Wahl wie in der Stichprobe in h) weiterhin 85% beträgt.

Testlösungen

Testlösungen zum Kapitel I (S. 42)

1. a) $n = 10$; $p = 0,4$; $k = 5$; $P(X = 5) = B(10; 0,4; 5) = 0,2007$

   b) $n = 10$; $p = 0,4$; $k \leq 2$; $P(X \leq 2) \approx 0,1673$

   c) Mehr Treffer als Nieten werden nur erzielt, wenn mindestens 6 Treffer erreicht werden:
      $n = 10$; $p = 0,4$; $k = 6, 7, \ldots, 10$
      $$P(X \geq 6) = B(10; 0,4; 6) + \ldots + B(10; 0,4; 10)$$
      $$= 0,1115 + 0,0425 + 0,0106 + 0,0016 + 0,0001 = 0,1663$$

   d) E_1: „erster Treffer im 10. Versuch", $P(E_1) = 0,6^9 \cdot 0,4 = 0,0040$

2. $n = 6$; $p = \frac{1}{3}$

   a)

x_i	0	1	2	3	4	5	6
$P(X = x_i)$	0,0878	0,2634	0,3292	0,2195	0,0823	0,0165	0,0014

   b) $E(X) = 2$; $V(X) = \frac{4}{3}$; $\sigma(X) = \sqrt{\frac{4}{3}} \approx 1,15$ c) $P(X \geq 4) = 1 - P(X \leq 3) \approx 0,1001$

3. a) Wurfserie zu A: ZZZZ
      Wurfserien zu C: ZZKK   ZKZK   ZKKZ   KZZK   KZKZ   KKZZ

   b) $P(E_1) = \frac{1}{16}$; $P(E_2) = \frac{6}{16}$; $P(E_3) = \frac{10}{16}$

   c) $n = 10$; $k = 3$; $p = \frac{3}{8}$; $P(X = 3) = \binom{10}{3} \cdot \left(\frac{3}{8}\right)^3 \cdot \left(\frac{5}{8}\right)^7 = \frac{253\,125\,000}{2^{30}} \approx 0,2357$

   d) $P(\text{Spieler erreicht nie A bei n Spielen}) = \left(\frac{15}{16}\right)^n$
      $P(\text{Spieler erreicht mindestens einmal A bei n Spielen}) = 1 - \left(\frac{15}{16}\right)^n$
      $$1 - \left(\frac{15}{16}\right)^n \geq 0,9 \iff \left(\frac{15}{16}\right)^n \leq 0,1, \quad n \geq \frac{\ln 0,1}{\ln \frac{15}{16}} \approx 35,68$$
      Der Spieler muss mindestens 36-mal spielen.

Testlösungen zum Kapitel II (Seite 74)

1. a) Berechnung von μ und σ:
      X = Anzahl der makellosen Bäume; $n = 600$; $p = 0,8$
      $\mu = n \cdot p = 600 \cdot 0,8 = 480$
      $\sigma = \sqrt{n \cdot p \cdot (1 - p)} = \sqrt{600 \cdot 0,8 \cdot 0,2} \approx 9,80$, $\sigma > 3 \Rightarrow$ Laplace-Bedingung erfüllt
      Bestimmung der Intervallgrenzen:
      2σ-Intervall (95,5 %): $\mu - 2\sigma \approx 480 - 2 \cdot 9,80 = 460,4$, $\mu + 2\sigma \approx 480 + 2 \cdot 9,80 = 499,6$
      $$\Rightarrow \quad 460 \leq X \leq 500$$

b) Kalkulation des Mindestgewinns:
Wir gehen vom ungünstigsten Fall aus, da der Mindestgewinn berechnet werden soll.
Das sind 460 makellose und 140 Bäume mit Mängeln.
Verdienst an den makellosen Bäumen: $460 \cdot 18 = 8280$ Euro
Verdienst an den Bäumen mit Mängeln: $140 \cdot 6 = 840$ Euro
Gesamtverdienst: $8280 + 840 = 9120$ Euro
Er verdient also mindestens 9120 Euro mit einer Wahrscheinlichkeit von 95,5 %.

c) Nach Teil a) sind mindestens 460 Bäume makellos, d. h. höchstens 140 sind mit einem Mangel. Der benötigte Anteil der Teilfläche beträgt daher $\frac{140}{600} \approx 23,3\,\%$.

2. Größen: $n = 200$, $X = 12$, also $h = \frac{12}{200} = 0,06$

a) Grenzen des $1 \cdot \frac{\sigma}{n}$-Intervalls (68,3 %)

   solve $\left(|0,06 - p| \le 1 \cdot \dfrac{\sqrt{p \cdot (1-p)}}{\sqrt{200}}, p\right)$ $\Rightarrow$ $0,0453 \le p \le 0,0791$

   also $4,53\,\% \le p \le 7,91\,\%$

b) Grenzen des $3 \cdot \frac{\sigma}{n}$-Intervalls (99,7 %):

   solve $\left(|0,06 - p| \le 3 \cdot \dfrac{\sqrt{p \cdot (1-p)}}{\sqrt{200}}, p\right)$ $\Rightarrow$ $0,0261 \le p \le 0,1317$

   also $2,61\,\% \le p \le 13,17\,\%$

Das Intervall ist größer als das aus a), da die Sicherheitswahrscheinlichkeit höher ist. Es schränkt p aber zu wenig ein. Die einzige Möglichkeit, das zu verbessern, wäre eine Erhöhung des Stichprobenumfanges.

3. a) Laplace-Bedingung für Konfidenzintervalle:
Berechnung der relativen Häufigkeit h_n in der Stichprobe: $h_n = \frac{X}{n} = \frac{220}{2000} = 0,11 = 11\,\%$

   $\sigma^* = \sqrt{n \cdot h_h \cdot (1 - h_n)} = \sqrt{2000 \cdot 0,11 \cdot 0,89} \approx 13,99 \Rightarrow$ Laplace-Bedingung erfüllt

b) Grenzen des $2 \cdot \frac{\sigma}{n}$-Intervalls (95,5 %):

   solve $\left(|0,11 - p| \le 2 \cdot \dfrac{\sqrt{p \cdot (1-p)}}{\sqrt{2000}}, p\right)$ $\Rightarrow$ $0,0968 \le p \le 0,1248$

   also $9,68\,\% \le p \le 12,48\,\%$, der Bekanntheitsgrad kann also auch kleiner als 10 % sein.

Da somit nicht gesichert ist, dass mindestens 10 % vorliegen, muss die Werbekampagne durchgeführt werden.

4. Mit $n \ge \frac{c^2}{\varepsilon^2}$ und $\pm \frac{\varepsilon}{2} = 0,05$, also $\varepsilon = 0,1$ gilt $n \ge \frac{2^2}{0,1^2}$, $n \ge 400$.

Bei 5 % Genauigkeit muss die Stichprobe mindestens $n = 400$ groß sein.
Bei 1 % Genauigkeit muss n mindestens 10 000 betragen.

Stichwortverzeichnis

Bildnachweis

Technische Zeichnungen

Anton Bigalke; Norbert Köhler